| 中国文学理论与批评丛书 |

学术顾问　钱中文 | 主编　吴子林

回到未来的中国美学

高建平　著

全国百佳图书出版单位
时代出版
时代出版传媒股份有限公司
黄　山　书　社

总　序

通读眼前的八部书稿，各种情绪：兴奋、激动、享受、叹息、伤感、寂寥……轮番袭来，纠结于心。这时，我想起了一部电影——

音乐家科伦布的爱妻亡故，他从此带着两个女儿隐居深林，整日独自研习古大提琴。在绵延无休的乐声中，他看见深爱的亡妻，此刻就坐在他对面聆听。之后，他们一起祷告，一起乘坐马车，一起并肩走过春色茂密的森林，一起来到河岸渡口，直到她独自坐上小船离去。怕她再次消失，他不忍停下手中的乐曲。为了让她一遍一遍重现，他用余生不断拉奏心爱的大提琴，记下心里的悲伤乐曲，想看看爱将延续到哪里。

这是一个清静的世界。老房子旧得幽静、坦然，乐声绵延无休、难以捉摸，家中的器皿也都散发出乐器的光泽。科伦布在森林里拉琴、作曲，他拒绝宫廷表演的邀请，拒绝各种矫饰，只为灵感而作曲，只是记下瞬间的颤抖，删除多余的抒情。他的演奏闻名遐迩，在传说中更是出神入化。

有一天，17 岁的红衣少年，一个鞋匠的儿子，敲响了音乐家的门。他立志成为伟大的音乐家，慕名前来学艺，几经周折，红衣少年成了科伦布的学生。后来，红衣少年背着老师受聘为皇家乐队的演奏家，而被逐出师门。再后来，红衣少年成了宫廷乐长，生活富足；音乐给他带来了华丽的马车、镶嵌珠宝的假发衣饰、显贵的地位与指挥权杖，但他不再有 17 岁时那湛蓝的眼神。他深感自己始终未得音乐的要领。他记得，年少的那个午后，在森林里听到的琴曲，那种庄重、静穆、悠远而哀伤的，才是真正的音乐。

老人弥留之际，宫廷乐长深夜赶赴森林小屋，去上最后一堂音乐课。当他一身显阔地走进那简朴肃穆的家中，发现自己不过是个臃肿的丑角。他问老人："音乐是什么？为了供奉上帝？为了取悦国王？为了金钱？为了荣誉？是爱情的忧伤？或是自暴自弃的放纵？"

都不是。

他终于领悟，自己的疑问便是答案："是不是给死者的礼物？是给那些不能说话的人低声的安慰，给那些消逝了的童年？是为了让鞋匠的锤声变得柔和？是为了那我们出生之前就已存在过的时间，在我们呼吸之前，或者看见光亮之前……"

——这是电影《尘世里的每一个清晨》所讲述的三百多年前的故事，它把我们带回到音乐的黄金时代，唤醒了许多温馨美好的记忆。

是的，倘若音乐有魂魄的话，那就是它的毫无用处，它的无用之用。音乐是爱，是恩慈，是虔诚，是内心孤独的吟唱，是出神的一瞬，是人类关于光明、自由和宁静的力量的梦想。

“一个民族的政治生活只是它存在的浅层部分；为了了解其内在的生命——其行动的源泉，我们必须通过他的文学、哲学，以及艺术这些反映该民族理念、情感和梦想的东西，来深入探索它的灵魂。”罗曼·罗兰写道，“音乐展示给我们的是在表面的死亡之下生命的延续，是在世界的废墟之中一种永恒精神的绽放。”①

文学艺术的研究与创作一样，都是一种生气灌注、深邃博大的“创世”，也就是发现、创造可能世界，帮助人们建立生命的、家族的、民族的“根”的意识，确立经验的、文化的统一感与连续性，在滋养自身的同时，影响人类的精神世界。

安贝托·艾柯在《诺伯托·博比奥：重新审视博学之士的命运》一文中强调，知识分子的责任不在“解决”危机，而在“制造”危机，即时刻营造出一种危机感，唤起人类的共同意识的危机感，并寻找、创造普遍的社会共识。

20 世纪 70 年代末 80 年代初，即进入“新时期”以来，整个国家处在一种社会转型之中。如何建立中国自己的崭新形态的文艺理论，成了文艺学界的重要课题。面对当代西方文化传入所引发的诸多挑战，以及当代文学创作所提出的诸多命题，经一大批文艺理论家、批评家的共同努力，中国当代的文艺理论终于实现了现代性的转型，即“从一家‘专政’式的独语，转变为‘百家争鸣’式的对话；从政治话语转变为学科的学术话语；从非常态的中心话语，转变为自主发展的常态话语”②。文艺学研究的视野得到前所未有的拓展，如文艺社会学、文艺心理学、文艺美学、文艺解释学、中西比较诗学、文艺生态学、文艺符号学、文艺人类学、文化诗学等领域，都有人在尝试，并获得了不少结实的成果。

---

① [法]罗曼·罗兰著:《音乐散文集》，冷杉、代红译，中国文联出版社 1999 年版，第 1 页、第 7 页。

② 童庆炳撰:《新时期文学理论现代性转型概说》，《童庆炳文集》第 3 卷，北京师范大学出版社 2016 年版，第 468 页。

值得强调的是，其中的一些杰出的代表，如钱中文、童庆炳、孙绍振等文艺理论家，他们大多经历过各种政治运动，从没脱离当代中国的政治、文化现实。置身于风云际会的时代，他们怀抱笃定的理想主义的激情，广泛关注历史与现实的政治、经济、科技、文化各领域，对现有的种种结构模式始终保持质疑的态度，并通过精深的研究推翻僵化不合理的部分，表现出了对时代命脉的精确诊断和敏锐切入。由于洞察了语言符号背后的价值世界，他们成功揭示了其中丰沛而深厚的精神质地，呈现了关于生活世界的总体想象，开启了一个个一般人所未曾领悟的心灵世界。他们的学术成果是对社会文化问题的思考，是显示人文知识分子存在身份的根据，体现了对社会应履行的责任。

至于当下学界的中坚力量，如高建平、王岳川、李春青、陈晓明等一批学者，则是这些前贤的薪火相传者。与师长辈学者一样，对于他们而言，个人与历史、个人与国家互为镜像；他们有着丰富的内心生活及准则，善于提取、想象、弘扬历史与现实中稀薄而弥足珍贵的东西，并以其充沛的语言敞开、释放灵魂的悸动、精神的能量，以内在心灵的秩序对抗外部庸众的世界。

在我看来，文艺理论、美学的研究者以及批评家与作家、艺术家一样，都是这个世界的观察者、倾听者、质疑者和审判员，都是在为一个"缺席的民族"而写作，而不是做历史的书写者、抄写者和打字员。

名利诱惑与学术追求，对于所有问学者来说，是人生中不断出现的十字路口。文学艺术和生命宛若一条河流，收集了星光、烈日、蓝天、雾霾、彩虹和暴雨。面对欲望与生命力蠢动的世界，真正的学者以学术为宗教、为信仰为志业，他们洞察哪些是浮云，哪些是本质；他们所能看到的不只是现在，还有未来；他们播撒怀疑的种子，而不是收成已然明确的事实；他们不只是理念的唤醒者，同时还是社会革新进程的引导者；他们知道，生命只能燃烧，不可虚耗——因为他们手头所持有之物，不外乎时间、记忆和文学艺术所创造的美；而理论的勃勃生机，只能源于抵御纷扰人生的各种诱惑或压力，源于创造性的质疑、心无旁骛的虔诚劳作和漫长执着的自我探寻。只有在思考和写作中，每个人才能找到自己真正的皈依之所——这是上述优秀学者给我们的深刻启示。

由钱中文先生担任学术顾问，本人主编了“中国文学理论与批评丛书”。本着“学术乃天下公器”的宗旨，我们拟分期分批分人结集出版，以检阅当代中国学人的学术实绩。本丛书具有开放结构，第一辑推出的为我国当代著名的文艺理论家、美学家、批评家，其中既有年逾八旬的资深学者，也有中、青年学术新锐；每人一集，收录“有分量”的代表作，凸显“一家之言”的戛戛独造。

主编这套丛书的愿望有二：

其一，展现新时期以来中国文艺理论研究与批评所取得的实绩，凸显那些富于中国特色的、有个性、有识见、敢论断、敢担当的学术创见。如，钱中文的“新理性精神”文论，童庆炳的“文化诗学”，孙绍振的“文学文本解读学”，高建平、王岳川之于中西美学的剖析，李春青之于中国古典诗学的建构性清理，以及陈晓明、吴子林之于中国“文学问题”的探究等等。

有识之士指出，一个城市乃至一个国家的文化质量，跟它是否拥有富于价值的文学记忆或文化记忆，有着很大的关系。所谓文学记忆或文化记忆，就是有一个或一批伟大的作家、思想家，他或他们代表这个城市、国家，这个城市、国家也进入了这一个或一批伟大作家、思想家的创作生命。简言之，文学记忆或文化记忆直接关系到一个国家的文化形象的塑造，其义大焉。

毫无疑问，包括文艺理论、文学批评在内的学术本身，是中国当代文学记忆或文化记忆的重要组成部分。随着我国上升成为世界第二大经济体，中国正成为一个世界性的大国，系统地向世界展现中国的现代化成就、中国文化和价值观，塑形中国的“大国形象”，至关重要。为此，在推出本丛书的同时，我们还将努力组织专家将它们译成外文，使它们走出国门，走向世界，逐步实现中国文论走出去的宏愿，让西方人了解中国、认识中国——这是颇有文化远见的举措，在一切追求市场效应的今天显得尤为难能可贵。

其二，志在薪梓承传，泽被后学，希冀后来者能赓续前人纯正的学术品格，全副身心投入到文学这一健康的终生事业中去，以扭转目前文艺理论、美学研究以及文学批评的窘境或困境，切实推进现实社会的改善与进步，使人们重获生命的完满，走出一条焕发生命韵致与光泽的道路。

马克思有句格言："最先朝气蓬勃地投入新生活的人，他们的命运是令人羡慕的。"[①]通读完八部书稿，只觉时光如电，一股氤氲之气回荡其间。偶尔抬眼远望，只见雾霾重重，晨昏不明，仿佛自己悬浮于另一个世界；一阵北风骤起，雾霾一点一点散去，古老的都城一点一点透明起来，一点一点安详、生动起来。

户外，市声隐隐沸动，如深山松涛；窗外，落叶敲打着落叶，雨点追逐着雨点；远方，迷迷蒙蒙，嚣嘈不舍昼夜——我听到了生活行进的坚实步履……

一切都只是开端。"中国文学理论与批评丛书"还将推出第二辑、第三辑……并将进一步扩大规模。我们真诚地希望读者诸君提出宝贵的批评建议。

是为序。

吴子林

2016 年 12 月 23 日

---

① ［德］马克思撰：《致 R》(1843 年 5 月)，见《马克思恩格斯全集》第 1 卷，第 408 页。

自　序

今年是改革开放四十周年。这四十年，国家有了很大的发展变化，我个人也是如此。这是我从求学到走上学术道路的四十年。

四十年又可分为前后两个二十年。前二十年，我主要是在学习。1977 年底参加高考，1978 年春天入学。前后经历了本科和研究生的学习，留在高校任教，被选送出国，参加英语培训、集训班，在国外访学，又注册读博，最后于 1997 年秋天读完回国工作。这期间，搬了多次家，到过不少地方，也读了不少书。这是积累的二十年，也写了一些文章，还出版了两本书，但总体上讲，对于我来说，这是埋头读书的二十年，学术起步的二十年。从通过考试，当上大学生，到取得国外美学专业的博士，回国开始工作，20 年的时间完成了一个轮回。

后二十年，从 1997 年到 2017 年，我在中国社会科学院工作，工作地点没有变。这些年，做了不少事。总体上讲，我在学术上是处于一个追赶的状态。我虽然是一九七七级的大学生，起步不算晚。但是，前二十年的不稳定状态，包括准备出国四年，在国外八年，在不同的参照系中生活，刚回国时有强烈的落后之感。20

世纪80年代后期和90年代,是我们这一代人陆续走向学术前台的时期。我还在国外读书时,国内的不少朋友却早已名扬天下了。

在最近出版的一本书的序言中,我写了这样几句话:“在过去一些年里,我所做的事是,读西方的书,研究中国人自己的传统。这样,研究就有了两个知识参照系。在两个参照系中进行研究,这不仅是中国学者,而且是当代一切非西方学者普遍存在的两难境遇,但同时,这也是他们的机遇。”关于这段话,我还想做一个补充。在国外,有关儿童在双语环境中学习,可用两个词来形容:学得不好,称为“semilingual”或译“半语”;学得好,称为“bilingual”,或译“双语”。前一种情况,是指两种语言都没有学好,混杂在一起,不能熟练地操一种母语;后一种情况是指两种语言都很好,是双重母语。双语能力不是环境的自然结果,而是利用环境,刻苦学习的成果。同样,从两难的困境到获得两个参照系的机遇,也是需要通过学习才能获得并适应的。也许,我们所有的人都是在路上。外国的学问了解得不清不楚,中国的学问掌握得不深不透,这是“半语”。学贯中西,是“双语”。我们走的是从“半语”通向“双语”之路。在这条路上,有许多缺陷需要补,有大量新知识需要学,也有多种困难需要克服。但这条路还是要坚持的。

这些年,在学习的过程中,时有一些收获,也积累一些成果。为了编这本书,我把过去在不同杂志上发表的文章整理了一遍,从中选出主题接近的13篇,又进行了编辑,形成统一的章节。2016年的春节期间,我去日本住了一个月,每天上午写作,下午出去游览。短短的三十天,写了两篇文章,编一本书,也去了日本许多地方,做历史文化的深度旅游。这本书就是在那期间编出来的。在本书中,主要提出了十个概念,并对一些已有的概念进行了深一层的阐释:

第一个概念是超越。美学要有什么样的发展?超越意味着什么?美学之后,要建立什么样的美学?这是当代美学要思考的问题。德国美学家沃尔夫冈·韦尔施提出,要走出康德美学,建立美学之外的美学。但这种美学意味着什么?它可能是指一种“杂美学”,混杂着种种旧有的审美诉求,又适应新的情况。但光有混杂还不行。在现代美学体系被挑战之时,有混杂多样的后现代美学。“后现代”并不是一个时代,而是对“现代”的种种特点的修正。后现代之后是什么,本书尝试讨论一种“当代性”,这种“当代性”是指面向当下的生活,从传统和外来的文化中汲取营养,发展出以自身为目的、具有独特性,并对其他文化具有参考启发意义的文化。

第二,新美学的建立,还有待于新的概念的形成。基于这个目的,本书论述了“新感性”的概念。“新感性”并不是一个全新的概念,以前也有许多学者提出,并予论述。但是,如何走出美学上长久存在的理性主义传统,走出非文学艺术的学科进入美学所形成的研究的抽象化,避免感性充盈所带来的美的缺失,从而反对从理性积淀为感性的路径,而提出由感性提升的路径。

第三,关于“日常生活审美化”概念,在已有的多种解读基础上,吸收当代哲学的一些研究成果,提出重建艺术与日常生活关系的主张。而这种重建,归根到底还是艺术与普通人的结合。

第四,论图像的符号性。文字需阅读,图也需要阅读。文字阅读需要学习,同样,图的阅读也需要学习。从东西方对图的感知的差异性,可以更加明确地看出这一点。

第五,在谈论文学艺术评价时,提出了“复数的世界文学”的概念。歌德所提出的“世界文学”概念,是单数的,是立足欧洲文化而放眼世界。然而,这种立足点可以是多样的,可以从不同的立足点来放眼世界。因此,“世界文学”也可以是复数的,是不同文明的相互看。

第六,提出了文学史书写中的“双向互动”的关系。文学史一方面可以从古至今按照时间顺序书写,但从另一方面看,也可以不断根据新出现的理论观念,来重新理解文学的性质和界限,从而重写文学史。因此,文学史有一种逆向书写的特点。同样,艺术史的书写也是如此,有从古到今的顺向发展,也有由今及古的逆向理解和书写。文学艺术史的书写,就是这样的一个“双向互动”的过程,由此推及依附于文学艺术而存在的关于文学艺术的理论。这些理论史的书写,就有了更加复杂的互动关系。

第七,提出了“美学时间”的概念。这是一个相对于“社会时间”的概念,说明艺术的发展与时代的关系。个人的发展,有一种社会时钟理论,不同年龄的人,在做着不同的事,有一种对一定年龄的人所达到的成就或状态的预期。同样,艺术的发展与时代的关系也是如此,不同时代对艺术有不同的要求。

第八,在论述中,还力图肯定社会中普遍存在的“半美学”,并寻找具体的艺术风格变化与经济社会对艺术的“归根结底”的影响之间的中间层。

第九,讨论“市场”这个大问题,思考在现代的市场环境下,艺术会遭遇什么、应该起什么作用。

第十,关于艺术边界的讨论。由于当代先锋艺术和大众艺术的影响,艺术边界这个古老的问题,遇到了新的挑战。艺术的边界还是会有的,但又是移动的,这是结论,但是,这里面有很多的复杂的情况,有很多道理要讲清楚。

最后谈美育问题。美育要与社会改造结合在一起,要有益于人的全面发展,要与科学携手并进,但同时反对科学主义。

本书从这些问题的讨论寻找现代理论的增长点。这些讨论都是在不同的场合,或是单篇论文,或是讲演中提出的。想法有了,但还需要进一步论证;观点提出了,但还没有很好地展开;将这些概念放到了一起,但还没有进行系统地论述。这些都是有待于进一步努力的。

这些年,感到压力大,总是有做不完的事。每到年终时,就有一个感觉,预计这一年应该做的事还没有做完,要拖到明年了。就这样一年又一年,时间过得飞快,想要做的事总也做不完。过了二十年,再过二十年,四十年弹指一挥间。

现在想的是,下一个二十年怎么过?首先要把这些概念说说清楚,不要总是蜻蜓点水,说半截子话。那是要经过一段时间思考,花不少力气才能做成的事。这里先说出来,供学界批评吧。也许批评会有助于我想得更深入一些,写得更清晰一些。

高建平

2018 年 6 月 1 日

目　录

导　言　全球化、文化多样性与当代性

全球化给民族文化带来了什么？民族文化在遭遇全球化时，应该如何应对？历史与现实都告诉我们，需要对这些问题进行宏观的、长时段的思考，要考虑问题的各个方面，并对其分别做具体的分析。

一　发展的困惑：现代化意味着什么？

现代化的过程，会给民族文化带来各种各样的改变。人们曾经无保留地拥抱现代化、拥抱全球化，这种情况现在已经有了一些改变。随着文化多样性、非物质文化遗产的保护、文化相对主义等观念的发展，关于现代化的思考也就变得愈加复杂。讨论这个问题，我想首先从一个大视野开始。这个大视野就是：全世界的社会政治和文化的发展，会带来什么？只有在此基础之上讨论，才能谈到应该如何应对。

一方面这是一个客观的大过程，另一方面是人生活在这个世界上，有着自己的愿望和追求。于是，就出现了一个"内"和"外"的问题。谈别人容易，谈自己难；

居高临下泛泛而谈容易，设身处地来谈就难。当“看客”容易，一旦进入其中，我们就会发现，诸多内在逻辑正起着作用。“内”与“外”都各有其道理，但我们又不能各执一端。两者结合起来，可以得到完整的认识，这就是“入乎其内，出乎其外”。然而，许多文化上的争论，许多有影响的观点，都是不同的人各执一端而形成的。不考虑内在的复杂性而提出一个响亮而肤浅的口号，引起学界一片骚动，招来一片骂声，于是这个人就有名了。在文化的“内”与“外”的问题上，尤其是如此。原因是这个问题几乎与所有的人都有关，于是争论的观点可以“雅俗共赏”。

这一类的问题可以出现在不同的地方。例如，与国外的老一代汉学家聊北京，他们都对北京的发展表示伤感。我曾经在瑞典留学。瑞典有一位著名的中国艺术史研究专家，中文名叫喜仁龙，他写过一本书，名叫《北京的城墙和城门》，写老北京的建筑。我生得晚，去瑞典也晚，没有见过喜仁龙。但我读过他的书，与他的学生们也熟悉，曾与这些学生们一起分享过这种哀愁。如今，北京的城门已所剩无几，牌楼更少，更谈不上城墙了。北京的老城也被毁坏得极其严重，有些地方毫无道理地插进一两座没有风格、没有品味的钢筋水泥小楼，有些地方则一条大道开过去，老房子被整片地推倒荡平。如果老北京完全保留下来，今天一定会很美。

假如历史可以重来，也许可以换一个思路来建设北京。当年曾有一些不同的方案。今天，一些研究专家们在不断地讲述这些方案。现在看来，这些方案很诱人，研究专家们也反复申说，假如这样或那样就好了。作为对历史的研究，也许这么说说也有好处。最近有人重提，西安的城墙和碑林，幸运地被保留下来了。尽管我们可以讲无数个保护老建筑的故事，但遭遇过那个建设的大时代，破坏的还是比保留下来的多。

历史就这么过来的。历史不可能重来，过去该走什么路，这可以思考，可以总结。但是，说过去容易，说现在就难得多。今天我们该怎么办，这才是问题的实质。我们今天当然不能那样大拆大建了。但现在人们进行争论时，意图并不在此。通过对历史的解说，有人是想达到一个目的，这就是使文化博物馆化或化石化，即让人们永远按照古老的方式生活，使来看的人，能够仿佛穿越时空隧道，回到过去的或远方的某个时空点，感受那里的生活。

确实，到这些时空点上去感受感受，一定是很有意思的。在今天，一些旅游点也这么做，甚至让现代人换上古代的服装，演古代人给你看。看的人津津有味，被看的人也获得了经济上的好处。这当然是两全其美，也很有意义。我曾经跟着一群人，被一位装扮成安徒生的导游领着，在哥本哈根的市中心区步行3个小时。那位导游自称就是安徒生，用第一人称给我们讲述“我”在这里的街道和建筑中的生活，“我”对这个环境的个人感觉。在碰到一些当时的人的雕像时，还说说“我”与他们的个人关系。例如，说“我”如何不喜欢基尔凯郭尔，基尔凯郭尔如何嫉妒“我”。这种绘声绘色、像说知心话一样的个人化讲述，游客听了都很满足。我也曾在湘西的一个古镇，看县官断案、镖局接生意，以及当时的娱乐场所的表演。这种做法既丰富了旅游项目的内容，也可对大众进行生动的历史教育。

但是，如果有人想再进一步，使民族文化都博物馆化或化石化，以满足观看者的趣味，这就有问题了。这就回到所谓的“内”与“外”的问题。身处这种文化之外，只是看看而已，我们会觉得保持一种古老的原貌，满足现代观众所需要的怀旧感和古朴情调的追求，也很不错。然而，城市可以保留，建筑可以不动，但是，旧式的城市文化，例如在北京，旗人的生活做派、茶馆文化、街上的叫卖声,都注定会一去不复返。文化是人的文化。我们没有理由要求一些民族的人生活在“化石状态”,满足其他民族的人的“看客”趣味;或者要求这些民族的人充当活标本,让他们等待文化研究者把他们放上标本台。

二　全球化的文学艺术的评价标准

我愿从一个最平淡无奇的故事说起。有一次,我曾陪一些外国学者到九寨沟。其中一位很友好、对中国艺术很喜爱的美国教授,在看了九寨沟演出团的演出后说:“真是精彩极了,他们应该到纽约去演出!”演出的确很精彩。一个地方旅游景点的演出,能达到那样的水平,真的很不容易。这位朋友赞赏演出,说明他是有眼光的。他能克服文化差异,欣赏中国人的艺术表演,的确难能可贵。但是,为什么演得好,就应该到纽约去演出?当然,这位教授并无任何不好的意思。他只是陈述一件全世界绝大部分的艺术家都在做的事:在小地方成功了,就到大地方去;在小城市成功了,就到省城去,再到中心城市去,到首都去;然后就出国,到巴黎、伦敦、柏林、纽约去。事实也是如此,如果一位歌手到维也纳金色大厅唱一个专场,也许会表明或暗示其艺术水平达到了一个档次;一个演出团体如果访美演出成功,身价可能就会从此不同。

画家也是如此,如果在县城办画展,能得到一个县的承认;如果到了省城办画展,就更有影响了;如果到北京,到中国美术馆办画展,那会是他一生的荣耀。更进一步,如果巴黎、柏林、纽约这些世界中心城市的一些大画廊向他开放的话,那么,他就是世界级的艺术家了。

其他各门艺术实际上也是如此。有各种艺术的奖项,例如文学、电影、音乐、美术、戏剧等各种类型的大奖。这些艺术的奖项有着不同的级别,有地区的、国家的，也有世界性的，这些艺术的奖项意味着什么？是否在为艺术划定等级？获得世界级大奖的，就必定是最好的艺术？我曾经在写作文章时提出这样的问题：得了诺贝尔文学奖，是否意味着世界第一？

艺术家之间、艺术作品之间是不可比较的。他们各有风格和特色，很难一决高下。但是，我们实际上是在做比较，并且这种比较从来也没有间断过。比较的标准多种多样、形形色色，在不同的语境中，标准也各不相同。市场在做比较，于是电影的票房、画作的售价、文学作品的销售量，都成了标准。但是，票房、售价和销售量，只是一个方面。专家的评价与大众的评价不同。专家说好的，大众不买账，但也不是大众就可以说了算。艺术评价的标准，是不同人群间博弈的结果。还有，一时的市场效应与长久的影响力也不同，前者是当作品刚刚问世时产生的效益，后者是多年以后，作品仍受到人们欢迎的程度。这两者中，一个是横向的维度，一个是纵向的维度。

我们这里所关注的，是在全球化的影响下，人们的价值标准发生的变化。不同的地方艺术风格不同。一方水土养一方人，也养一方的艺术。但是，全球化所带来的结果是，人们要把不同地方的艺术放在一起来评价。这当然是困难的，却变得不可避免。

其实，我们会常常看到由于政治和社会的原因，本来不可比的艺术被放在一起相比较的现象。一位京剧演员与一位越剧演员，一位豫剧演员与一位花鼓戏演员，你可将他们放在一起来比高低吗？从艺术本身看，没有可比性，但由于徽班进京，皇家的喜爱以及由此造成的影响，京剧在历史上与其他地方戏相比地位就要高一些。没有可比性的东西，被放在一起来比较了。

不同地方的艺术相互比较，这也许是艺术家的晋升之道。从小地方的艺术家，到大地方的知名艺术家，再到全国大艺术家，有很多的阶梯要爬。但是，从另一种意义上讲，这意味着文化的丧失。艺术间的不可比较的个性差异变成了可比较的等级差异，多中心变成了单一中心。不同地方的、用不同语言写出的文学,可以放在一起来比高低吗?不同地方的和不同画种的画家,可以放在一起来排序列、定等级吗?原来不可以,现在变得可以了,而且人们一定要这么做。不管是否合适,这么做已经成了通行的惯例。并且,一位艺术家要想得到承认,就必须进入到这种序列、等级之中。

我们在体育运动中,有这种等级比较。奥运会的理想,是更高、更快、更强,这就是忽视人种间的体质差异和文化传统的不同,进行一种纯粹的量化比较。我们可以根据人们在某项运动上的成绩,比出地区的、全国的或全球的冠军。但文学艺术的比较,就不那么容易。在等级的规定和量化的比较中,人们牺牲了许多无法相互比较的独特性、许多特有的精彩。

让我们再次回到前面所说的"内"与"外"的话题上来。在现代化与保持传统的两难之中,究竟怎么办?这已经不再是一个理论问题,而是一个现实问题。理论探讨可以极端化,成为思想的演练场,从而使观点鲜明、论述彻底,而在现实操作中,情况则不同。现实生活迫使人们保持一个较为中庸的态度。然而,现实操作不应该回避理论问题。

三　民族文化发展中的三种倾向

当前,在民族文化发展过程中,至少有明显的三种做法或倾向,或者说,至少有三个方面的问题。

第一种倾向是建风情园。在许多民族地区,都有民族风情园。有一段时间,建风情园成了一种风气。最早建风情园的地方,一定是带来了一些经济上的收益的,但此后建的,大都是在跟风。是不是还能带来经济上的利益,我不清楚。也许还有,但恐怕就很有限了。风情园所带来的问题是很严重的。这种做法,是一方面"拆真古董",另一方面"建假古董"。

在仿做的羌族和彝族小楼、苗家和土家的村寨等里面,文化成了表演,用来展示他们生活中的场景:如何过节过年,跳舞、抛绣球。文化本来是他们的生活方式,但这种生活方式本身在改变。于是,剩下的只有表演。这种转化,对于民族文化本身来说,也许是致命性的。前面说到“内”和“外”,是说为了自身而保存,还是为了看客而保存。现在,这种区分深入到他们的生活之中,他们不再过自己的节,而是为了看客每天“过节”。

生活表演化了,内在的真实转化为表面的假象。为了表演,不必发自内心地、为了自身的节日而愉快,而是表演自己的愉快。这些表演,也呈现出同质化的现象,一些不同少数民族之间的表演趋向一致性,不是演本民族的歌舞,而是演汉族人和外国人心目中的综合的少数民族舞,那是表演的设计者相互学习的结果。他们所需要的,不是发自内心的美,而是看上去的美。于是,不同民族的表演团体相互学习,寻找表演性、娱乐性因素,进行综合。这时,是否真的是民族特色并不重要,只要看上去有点民族的特点,且表演得热闹、好玩就行。由此,他们以表演文化为名,其背后却是文化本身的丧失。

“造假古董”与“拆真古董”形成一种因果关系。在建假羌楼苗寨之时,拆掉了真正的羌楼苗寨。表演如何过年过节与忘了如何真正庆祝节日也形成了一种因果关系。一切都仪式化、外在化、戏剧化。素朴自然的家人亲友团聚、发自内心的亲情、作为休息的节日,被紧张的工作、付款的流程、规定的表演所取代。

一些少数民族地区的“农家乐”,已呈现出这种现象。游客会被带到某个大家庭,这个家庭里人人能歌善舞。一会儿是二嫂出来唱一段,一会儿是小妹出来请你跳舞,然后是二哥出来讲一段笑话,大嫂为大家献上家里招待最尊贵的客人的美酒,最后是大哥出来说一段家史,说说他们家的苦难的过去和创业的艰难,以及其他最值得荣耀的经历。这些表演和故事依客人的情况而随时有所改变,以期达到最佳效果。这个家庭的故事有多少真实性？这不重要。其实，他们是不是一家人也不重要。他们是在表演一家人的生活。

第二种倾向是将文化遗迹符号化，使历史文化遗迹成为城市里的一个孤岛，失去其环境和语境。一些古代的遗迹被用来装点现代城市，却失去了其本来的意义。例如，我曾经在三十年前去过西安，看过大雁塔。当年的大雁塔年久失修，塔前的建筑也凌乱破败。我曾经心生感叹，这个地方曾是唐玄奘历尽千辛万苦取经回来后，专门译经和藏经之处，对中国文化产生过深远的影响。它是如此重要，还是要花钱修一修的。不久前，我故地重游，却震惊地发现，大雁塔修过了，而且修得极好，但周围的各种建筑被全部拆光了，所替代的是一个巨大的雁塔广场，有音乐喷泉。夏日的夜晚，那里到处灯火辉煌，到处都有人跳舞、拍照。我再次心生感叹：弄得这么热闹，唐玄奘还怎么译经呢？我们又如何感受这个佛经翻译之所呢？一个庄严肃穆、可以借此而发思古之幽情的地方，已经变得光彩夺目、喧闹无比。

这当然是众多的例子中的一个。走遍全国，到处都有这种符号化的现象：将一些知名的古迹保存下来，加以突出，然后将周围一些相对次要一点的建筑全部拆光。于是，原先古迹所赖以存在的环境消失了，这些古迹的意义所赖以存在的语境也消失了。

我家在扬州，自幼住在毓贤街。那条街原来叫太傅街，与阮元有关，街上有阮元故居，阮家后代还住在那里。我上小学时，曾与阮家后代是同学。后来，我幼年时住过的房子，连同附近的一个牌坊、我的小学校址，被全部拆掉，只保留了阮家的老宅子，在老宅子旁建起了仿古的毓贤文化广场。这实在令人叹息。

一个词被人们从一个语境中取出来，放在另一个语境中，意义会发生变化。同样，这些文化古迹也经历了这样的语境变化，从而它们的意义也发生改变。在城市文化建设中，有一种说法，叫作擦亮文化名片。这代表着一种典型的符号化的思路。先明确认定某一样或某几样事物代表一个城市，再将它特别地突出，使它们成为城市符号。保留了这几个符号后，就可以肆意在别处大拆大建。这时城市间同质化与城市名片的异质化同时发生，成为共谋关系。于是，在许多城市里除了几个标志性建筑，其他地方都“千城一面”。“擦名片”的行为，改变了部分著名古迹的意义，毁掉了其他的古迹，而这一切都是在保护和建设的名义下进行的破坏活动。

第三种倾向是倡导一种被称为“文化融合”的东西。这是在相互学习的名义下，取消文化特色，造出不中不西的“四不像”来。外来的东西，有的可学，有的不可学，有的可以直接拿来，有的拿来后也对接不上。文学艺术与科学技术不同。科学技术学到什么，就直接用上。我们千万不能在一些技术性的行业另立标准，例如去搞中国式铁道轨距，而是要努力与国际“接轨”。但是，涉及文学艺术，各民族还是要各有其民族性。不同民族之间，要实现文化交流，但这种交流，还是要各自“以我为主”。外来文化的影响，只能是营养，是供吸收、消化的东西。

记得画家潘天寿说过，人喝了牛奶，只是吸收牛奶的营养，不能变成牛。他指的是中国的国画。到了20世纪，国画当然要变，要适应新时代，要画出新内容，但是，不能简单地说融合。西画的技法、构图、色彩、明暗，用到国画上，不一定就能产生新时代的新国画，反而有可能毁灭传统。创新是一件很难的事。在一个中西交融的大过程中，有可能出现各种融合的个案，各有其积极的意义。但是，完全不同的文化间的交融，其结果是否有生产力，是否真的指出了一条新路，这可能是一个有争议的话题。同一种审美追求，只是换了一个媒介，并不等于就有了原创性。

前不久看电视上的青年歌手大赛，有人提出好的民族唱法歌手要兼有美声和流行歌手的才能，糅进其他唱法的技巧。什么都会，什么都有，就好吗？我想到现在流行歌坛的两种做法：一种是，男歌手能唱女声，女歌手能唱男声，并且同一人模仿男女声对唱；还有一种是，一位歌手能兼唱高音和低音，并且在不同的音区转换自如。这些做法很难，常人做不到，要有特殊的禀赋。但是，艺术的标准就是难吗？“难能”固然“可贵”，但“可贵”是否就是“难能”？展现特殊的才能不叫艺术。古人就说过，“难”只是“求乞计”，表演者力求实现的，只是使观众吃惊，而不是让观众欣赏。

那些提出这种要求的人，会说我说偏了，他们不是这个意思。他们说的是，民族唱法里可以吸收美声唱法的一些发声训练，对传统规则有所突破，从而使民族唱法得到创新。学习当然是必要的。谁能说不要学习？这种说法，从一般性的要求层面，很难评判其对还是错。也许，这已经是实践问题，而不再是理论问题。理论研究者很难在其中做出判断。但是，联系前面谈国画的例子，我们就可以看到，学习西画的结果可能是国画的消失。

我还是赞同让民族艺术像喝牛奶一样吸取外来艺术的营养，允许其走自身成长的路。时代、社会、市场、科技，都会影响民族艺术的发展。在一个一切都在变的时代，艺术的变化是不可避免的。不变就会成活化石，就只能在博物馆中找到自己的位置。但是，变不等于去杂交，从而走上取消本民族艺术之路。文化的融合，应理解成在新时代寻找生存和发展之路。

四　多元现代性是否可能存在

文化多样性与地方特色有着密切的关系。一方水土养一方人，也养一方的文化。例如，陕北高原出高亢的秦腔，江南水乡只能出吴侬软语。不仅是音乐，在美术、文学，以及各门艺术中，这种差别都可明显地被看出、被感觉到。这种差别，直接与人的性格有关。我们常常说，不同地方的人有着不同的性格。东北大汉的豪侠与上海男人的巧智，湘西女人的热烈与浙东女人的水灵，这种性格上的对比可以给人以强烈的印象。哲学家们曾讨论过地理环境决定论问题,即文化是否由种族、环境、气候决定。对此,学界曾有过激烈的争论,主要是经济决定论派与地理决定论派在争。其实,经济决定,本身就不应该是由抽象的经济指标来决定。人与自然的复杂互动,既与人种和文化传统有关,也与地理和自然环境有关,经济是这两者结合的一个方面而已。

在现代社会,这种地方性有着被克服的趋势。陕北与江南,在生活上的差别就已经变得很小了。天南海北的人都住在设计风格差不多的公寓房中,冬天有暖气,夏天有冷气。不管你是在北方还是南方,都可以穿同样品牌的衣服,用同样品牌的牙膏、香皂、洗发水。南方人也可以吃到东北的大米,北方人也能吃到海南的蔬菜。现代人的生活,在趋于同质化。性格的差异,有多少成分是遗传决定的,有多少成分是幼年的生活环境决定的,科学家们可以继续研究,但是,现代人生活的流动性、性格的多元和家乡观念的淡化,早就把各种遗传基因传播到各地,并加以融合。现代生活环境和条件的同质性,又使造成性格差异的后天因素被取消。在这种情况下,差异还是否可能存在?

不同地方、不同民族和国家的人之间在文化上的同质化是否可能存在?这是一个假想的问题。人是用语言思维的,语言差异对文化差异有着深刻影响。也就是说,语言不是表达某种既有思维成果的工具,它就是思维本身的工具和载体。语言的特点影响着人的思维方式,而人们的思维成果也通过语言保存下来。进一步说,语言的丰富和发达,是思维发达程度的标志。人们运用一种语言思维,同时就在实践和丰富这种语言。法国哲学家朱利安讲中国人不重视哲学上的“在”,是由于中国语言在印欧语言之外。然而,更为根本的原因是中国人远离欧洲语言的使用者,自己没有重视和发展这种观念。在加入佛教因素后的宋明理学中,“在”的观念就出现了。

语言的不同,决定着一个民族思维方式的不同,也是民族间保持文化差异的重要原因。语言间的可通译性,是民族间可交流性的标志。语言间的不可通译的要素，如不可译的词语，来自民间、日常生活，以及来自古代典籍的习语和成语，等等，是民族间差异被保存的标志。从长时段看，不同语言之间是走在趋同还是趋异的道路上，这很难说，应该是既趋同又趋异。来自翻译的新词使语言间趋同，来自日常生活的新词又可能使语言间趋异。当代文化间的相互关系，在走着一条复杂而不确定的路。

如果仅仅从狭义的语言差异上讲是如此的话，那么，在一个更为广义的符号学的领域，也是如此。不同的民族文化，有着自身的符号表意的传统。在中国古代，易象、文字、图画是三种符号表意系统，被认为分别表达理、识和形，即推理、知识和图像。进一步说，礼和乐，其实也是用动作和声音符号分别与理智和情感相对应，并用它们的相互配合以达到社会上不同等级的人之间的“别异”与“和同”。一些史籍，从《尚书》到《春秋》，其实都具有符号性，它们记录过往的历史和对历史的见解，让历史可以活在当下，成为当下生活的一部分。符号承载了文化的传统，它与语言本身相联系，又比语言更直接。

这种传统，进一步融化到民族和文化的血液之中。在现代化过程中，它被迅速地改变着。现代化过程，本身就呈现出反传统的特点。在这个过程中，会出现各种各样的反传统的运动，有的激进，有的温和，但受外来影响，自身得到彻底的、翻天覆地的改变，都是不可避免的。有时，在一个短时段里，可能会给人以传统彻底消失的印象。然而，传统还会回潮，会以某种形式顽强地保存下去并展现出来。传统与反传统的钟摆，总是在摆来摆去，但不管怎么摆动，传统都会留下痕迹，并不断以新的形式活在当代。

具体到个人，每一个人都不是一张白纸，而是传统的承载体。文化的多样性，意味着个人保持自己的传统的可能性。一个开放的社会，与一个封闭的社会的区别，在于人们如何看待这种文化的差异。将差异看成一种财富，让不同文化背景的人互相交流，认为这会激发出灵感、形成创造力，这是现代的、开放的社会的做法。不同文化间的交流，应该是一件幸运的事。一方面，来自不同文化背景的人，来到同一个空间，可以友好相处，相互了解。背负着不同的文化积累，面对同样的遭遇，处理共同的问题时，人们的见解会相互启发，相互补充。这就是说，文化在不同地域中形成的多样性，可以转化为同一地域的多元性。“多样”应该得到保留，这种“多样”在现代化的过程中，会受到侵蚀，逐渐淡化，但仍会保留下去。另一方面，同一地域、同一空间中的“多元主义”则会兴起。“多样”向“多元”转化，是一个不可阻挡的趋势。我们在一些中心城市里，会享受多元的生活，有着多元的经验。我们在一些国际大都市里，会与来自世界各地的、具有不同文化背景的人共同生活，密切交往。

具体到文学艺术，人们的接受也有多样性要求。人们不能只读一种风格的文学作品，看一种风格的绘画，听一种风格的音乐，欣赏一种风格的电影戏剧。文化生活的多样性，是生活质量的指标之一。这种多样性，由于失去了地理的根基，就表现为在同一地方的多元。我们评价一个城市的宜居程度，不能只讲居住面积、绿化面积、道路交通、清洁卫生、购物便利等物质生活的要素。城市文化生活的丰富多彩，博物馆和图书馆的质、量和服务水平，剧院、电影院的质、量和活跃程度，都应该考虑在内。最好的城市，应该既有小城市的便利和人性化，又有大城市文化生活的丰富性。

我在这里，愿再次回到一个话题上来，即文化是否有高低的问题。依据文化相对主义的观点，不同的文化之间，没有高低之分。文化之间只有差异，没有共同的标准来衡量它们之间的高低。将一些文化看成高等文化，将另一些文化看成低等文化，或者将一些文化看成在进化序列上高一些，将另一些文化看成在进化序列上低一些，都是错误的。具体说来，我们不应该将某种文化看成我们的昨天，将另一些文化看成我们的明天。一些少数民族的生活状态不是我们的昨天，一些发达国家的生活状态也不是我们的明天。我们不应该按照一个进化序列表来把全世界的不同的文化都排列进去。

一些有关世界发展阶段论的观点，也存在着同样的问题。经济发展到一定的水平，在社会、政治和文化方面，会有一些相应的变化。但这只具有可能性，不具有必然性。在不同的文化中，“进步”会以不同的方式表现出来，显示出不同的特点。各种不同的文化，有着各自的现代化道路，因而现代化是复数的。不同的文化有着自己的传统，它们在走向现代化的过程中，有可能在原有基础上，不断寻求和生成自身的现代因素，从而形成自己的现代文化。现代性也是复数的，不存在单一的现代性。这意味着，我们不能用一种标准来衡量现代化程度。

然而，这并不像文化相对主义者们所认为的那样，不同文化之间没有高低之分。不同的文化都各有其自身的标准，绝对不能用一个文化的标准来看待另一个文化。过去，西方人嘲笑中国妇女裹小脚，中国人却坚持把它当作民族的特性。后来，中国人也觉得西方人嘲笑得对，要废除。再后来，禁裹小脚、一夫一妻制、男女平等、同工同酬，都成为中国妇女解放运动的重要组成部分。

一个文化的高低，需要以文化自身的历史参照系来比较，也需要在不同的文化间进行比较。文化是要进步的，这个进步，不是完全否定自身、谁先进就学谁。有时，学也学不好，没法学。各种文化都有着自身的传统和自身的现实处境。只有在自身现有的基础上，根据自己的条件，向前进步，向上发展。在不同的现代文化之间，存在的是一种对话关系，这种对话，可以是在不否定自身的基础上相互学习、取长补短，也可以是相互激励、相反相成。通过这种对话关系，所达到的是共同发展、共同进步，而决不是取消谁。

五　“前现代”“现代”与“后现代”

最后，我们落实到一个当前普遍流行的话题上：区分“现代性”与“后现代性”，以及探讨“后现代”之后如何的问题。这一类话题的讨论，已经在学术界持续近三十年了,似乎讨论的热度还不减。我想做的事,第一是克服对这个话题理解的简单化,第二是克服对这个话题理解的复杂化。

“前现代”“现代”“后现代”这三个词,常有被人们简单化使用的倾向。例如,有人说:在前现代社会,就有前现代性;在现代社会,就有现代性;在后现代社会,就有后现代性。这种说法,似乎没有什么错:有什么样的社会,就有什么样的社会性质。但这样的说法,等于什么也没有说。这三个词背后的深刻含义,没有说出来。所发明的新词,也只是文字游戏而已,什么也不能说明。我们可以发现,全球化与所谓的“前现代”“现代”和“后现代”有着密切的关系,可用来说明三者差别的一个重要侧面。

“前现代”指传统社会,即以农耕和游牧为主的社会。这时,世界各地的民族和文化都以自己的方式生存着。一些民族有着自身的特性。例如,藏族是一个高山的民族,藏族人的活动范围主要在海拔 2000 米以上的高原上。他们的生活方式与地理环境有着一种紧密的关系,地理环境决定了他们的生活方式。中国东南沿海一带有一批船民,或住在船上,或即使不住在船上也以海为生,而东北地区有的民族则以狩猎为生。长城以北的人以畜牧业为主,而长城以南的人以农业为主。这些生活环境和获取生活资料的方式、地缘政治格局,决定了他们的性格和生活习惯。

不仅在我们所熟悉的中国及周边是如此,在全世界都是如此。有海上民族与山里民族之别,有农耕民族与游牧民族之别,有南方与北方之别,再加上种族、语言及所处的位置所带来的地缘政治因素,造就了不同的民族的特点,形成了不同的文化特色。

我在这里强调地缘政治格局,原因在于,这种格局对民族特性的影响极其深远。一个有着宽松的周边环境、在实力上优于周边民族,因而具有安全感的国家和民族,与处于大国或强国之间、在夹缝中求生存的弱小民族,在心态上就会有明显的不同。一个由于高山或大海等地理环境而与其他国家隔开、处于与世隔绝状态的小国,与处于大国附庸状态、随时会被吞并而又不甘心被吞并的小国,心态当然又不同。这些文化之间有相互影响的关系，有强与弱、主动与被动的关系，但并没有出现一个主导的、完全改变世界面貌的强大力量。

前现代的文化间相互关系呈现出网状的联系状态，通过战争、通商、人员的交流及文学与艺术的流传等各种情况而相互接触，相互影响，共同发展。

“现代”指工业革命所带来的社会根本性变化。这种变化，在工业上，指以煤和石油等化石能源为动力，用蒸汽机、内燃机等机器，开始在制造和运输业方面的革命；在科学上，指从观察转向实验，出现学科的分化和专门化；在教育上，指大学制度的兴起，现代学科群和学科体系的形成，现代科学观念的出现。涉及我们这个学科，指现代美学的建立、现代艺术观念和体系的形成。如数学、物理学、化学、生物学所发现的真理，如一加一等于二的道理，在全世界都通用。由此，以科学的名义，一些在西方发展起来的思想，在向全世界传播。这种传播能产生巨大效应的原因，是其发达的制造和运输业，以及通过实验所形成的科学。同时，以工业革命所带来的强大的政治军事和经济实力为后盾，使得这些发达国家能够实现在全世界的“在场”（present）和“介入”（engage）。这种发展改变了人们的生活习惯，改变了各个国家的教育制度和其他社会政治体制，也改变了人们的伦理价值标准。这种改变，用马克思、恩格斯在《共产党宣言》中的话说，曾经是“革命性”的。这种影响模式打破了前面所说的网状结构，而呈现出放射性结构，从而使一些原本“民族的”东西，变成了“世界的”。

当我们探讨是否具有“复数的现代性”的可能性时，就存在超越的倾向。固然，一加一等于二的道理，全世界都通用。但是，不同的民族和文化，由于长期形成的历史积淀，早已形成了独特的生活方式和处理各种问题的方式。席卷全球的现代化浪潮，会推动这些文化发生变革。这种变革影响深远，在一定程度上改变了这些文化的面貌。然而，归根结底，这些文化仍会按照自身的轨迹向前发展。现代化浪潮会产生文化间的碰撞，从而影响这些轨迹，其结果，是形成一个合力。不同的文化仍然是在走着自身的现代化之路，从而形成自身各自独特的现代性。我说“复数的现代性”，指的就是这个意思。

这种“复数的现代性”似乎是一种介于“现代”与“后现代”之间的倾向和理论思路，但两者之间又有着很大的不同。“后现代”理论来到世间，本来是具有革命性的。它成为一种现代时期的多元化的理论，具有一种反现代性的现代性。“后现代”要克服科学理性所带来的弊端，这都是积极的。

随着“后现代”浪潮的兴起，我们开始对此前的现代性所带来的后果进行反思。这种反思，从不同的话题开始，不断深化，最后形成了一个时代的洪流。例如，后殖民主义原本有着具体的指向。“二战”以后，各殖民地独立，相应地在思想文化界，就有消除殖民的影响的倾向。这种倾向进一步发展，批判殖民时代形成的价值观，批判西方中心主义，重新研读各民族的历史，说明殖民主义给原殖民地带来的思想、文化、语言，以及各种观念的深刻的影响，从而试图正本清源。再例如，女性主义，原本也有着具体的指向，即女性要获得选举权、要男女同工同酬等，后来就不断深化，出现了历史学的女性解读，人们开始研究文学史的女性视角。20 世纪的后半叶，人们还热烈地讨论各种“终结”。由接近 2000 年时所出现的“千年情结”引发的玄想，竟成了一个大的话题，成为不少人的一种叙事策略。众多的潮流合在一起，构成了 20 世纪后半叶的理论与文化景观。

如果联系艺术实践来谈“现代”与“后现代”，可能会使这个模糊而复杂的话题显得更清晰一些。在艺术中，“现代”代表着一种追求，即美与艺术的结合。是艺术比生活更美，还是生活比艺术更美，这曾经是讨论的焦点。艺术比生活更美，是讲艺术来自生活，又高于生活。生活比艺术更美，是讲艺术要向生活学习，面对丰富的生活，艺术显得较苍白，因此可以而且应该向生活学到更多的东西。这种争论，属于有关现代美学的范畴。我们固然也将美学的历史追溯到柏拉图和亚里士多德时期，但现代艺术观念的形成及其与美建立概念上的联系，从而形成美学这个学科，在欧洲还是到了 18

世纪才生成的。在18世纪,美的概念与艺术概念,以及它们之间的联系成了理论探讨的话题,审美范畴的探讨也开始出现。在美学史上,人们一般把探讨的重点放在美与艺术的概念上,实际上,审美范畴的作用也很重要,它起着美与艺术的中介的作用。审美范畴不等于狭义的美,有些范畴很特别,与狭义的美相差很远,但它们仍然可以从审美的角度来考察。艺术对美的突破,就是通过扩大审美的范畴这一途径进行的。崇高是一种突破,滑稽也是一种突破。艺术史的发展,呈现出审美范畴不断丰富扩大的现象。艺术从现代到现代主义,表现为从模仿、再现,对美与和谐的追求,到走向抽象,形式脱离内容而成为有意味的形式,审美范畴急剧扩大,将过去的各种不可能变为可能,从而推动世界的审美化。与这种现代主义不同,"后现代"代表着这样一种倾向,即美与艺术无关。

"后现代"当然是与20世纪中叶的各种思潮和艺术实践联系在一起的。提到后现代,人们会关注杜尚的《泉》,并将从它创作的时间来对"后现代"提出质疑。实际上,《泉》成为美学上关注的对象,恰恰是在20世纪中叶以后。《泉》受到了美学界的热烈关注,成了艺术与一切审美范畴无关的标志。《泉》成为艺术,不是由于它的光泽和造型。过去的艺术,不管是美还是丑,是震惊、恐怖、怪异、奇幻,甚至是恶心、无聊,都还是与价值观有关,而《泉》不是由于任何它的外观上的感性特征,不是由于它所激起的任何情感而成为艺术。这时,艺术成了某种与审美没有任何关系的东西。

结语　全球化之后

我们在当代所经历的过程是:全球化的过程正在发展,它深刻地改变着所有的文化,迫使它们走在一个"现代"的轨道上。中国人曾经有过恐慌，害怕跟不上时代，担心不改变自身，就要被“开除球籍”。“开除球籍”可能意味着灾难深重，但也可能意味着失去“全球化”的机遇，从而被排除在“全球化”之外。其实，不管是否愿意，“全球化”迟早都要以“现代”之犁把世界所有的角落深耕一遍。传统的生产和生活方式再也不能维持下去了，历史的齿轮开始转动，这是人类新生活的福音，也是文化的绞肉机。依照这个发展逻辑，世界上所有文化的独特性都将被消灭，走向同一化。然而，这一历史的大潮从其产生的一刻起，就包含着其回潮的可能性。与历史进步冲动并存的，是文化自我保存的冲动。历史发展的辩证性，不仅意味着其曲折性，也意味着多样性和此起彼伏的竞争性。

我们曾谈到“复数”，“复数”一词可能意味着“前现代”时期由于地方性条件的多样而形成的不同地方的不同文化特征，也可能意味着随着“现代性”的出现而形成的在同一地域（例如在现代大都市）中，由于传统不同而形成的文化上的多元。让一些民族按照自己的方式生活，保存自己的文化，这是多样性；保护少数族裔的生活方式，使他们保持自己的语言和文化，从而使整个国家的文化生活丰富多彩，这是多元。

对“全球化”，我们可能有两种应对办法：一种是听其“开除”，寄希望于“开除”；另一种是奋发自强，走自己的现代之路。这种现代之路，是一种对全球化的主动接受和自我选择，这种选择性的接受和独立的发展，就形成了“另一种现代性”，这是“复数的现代性”。不同的民族都会出现这样的“现代性”，出现一种在后殖民之后的现代竞赛。这种“复数的现代性”本身就带有“后现代”的特点，多样性、地方性的意义得以显现。

“后现代”意味着什么？它的意味是多种多样的，所带来的后果也是多种多样的。“后现代”意味着工业革命以后的另一种革命。工业革命以蒸汽机的发明、化石能源的大量使用为基础，而新的革命，即“后现代”的革命，与信息技术和生物工程技术联系在一起。工业革命带来了美洲新大陆的开发，而新的革命出现了一个广大的赛博空间。如果工业革命带来了全球市场的形成，从而意味着对全世界的征服的话，那么，新的革命则意味着对这种征服的抗拒和独立发展的开始。

在科学和人文领域,现代社会带来了一个原则,知识以科学的名义,在普世性的要求下,使全世界都被改造。一方面,一些思想和原理以普世性的名义,被传播到各个地方,并对各个地方的原有的思想进行改造或压制。另一方面,这种科学也在迅速分科化和专门化。分科化和专门化是知识发展的必然,但同时,这也造成了知识间的联系被切断,人们被局限于狭小的思维空间之中。

在艺术中,“后现代”意味着美与艺术的分离。艺术变得与美无关,从而艺术仅仅是“事件”,是某种效果的制作。作为“事件”的艺术被瞬间化了,而能获得持久存在的却是一些非艺术的存在物。这些存在物在挤压艺术的空间,这就是所谓的“艺术的产业化”和“产业的艺术化”。“艺术的产业化”使“艺术”变成“生产”,从而使艺术欣赏被泛滥的文化创意产业所取代。文化创意产业的繁荣已经成为大势所趋,谁也挡不住。“产业的艺术化”指工业制成品的泛美化。设计改变世界,设计加大规模生产,使艺术不再是稀有之物,使人们生活在美的世界中。对此,艺术家和美学家们只能回到老子式的“大音稀声”“大象无形”式的执着了。创意成为产业,能否还有非产业的创意?处处皆美,是否会造成大众的“美盲”,于是,艺术却变得与美无关,能否在此之外,还有艺术的美?

在这种情况下,我还是愿寻求一种与“后现代性”不同的“当代性”。这种“当代性”是全球与地方的结合、现代性与独特性的结合,它意味着科技的发展与分工弊端的被克服,也为美与艺术分离的被克服寻找可能。所谓“当代性”,是指面向当下现实生活,并以此为立足点,从传统和外来的文化中汲取营养,发展出以自身为目的、具有独特性,并对其他文化具有参考启发意义的文化。在艺术中,要重新恢复美与艺术的联系,回到艺术家与欣赏者的联系沟通的直接性,让美介入到艺术中,让美的艺术介入到生活中。这也许可以称为“回到未来”,这是一种诗意的表述;用哲学语言表述,也许还可借用一句具有辩证意味的老话:历史的螺旋性上升。

第一章　美学的超越与回归

今天的美学界有一个流行的口号，叫作“超越美学”。市面上出现了不少以这个口号为标题的文学和书籍。对于“超越”，笔者有着不同的理解，因此，对美学的思考，还是要从这种“超越”的性质谈起。

一　什么是超越美学？

“超越美学”，不是追求某种超越的精神性。“超越的精神性”在中国并不缺少。长期以来，中国美学曾追求哲学化，拉大了美学研究者与文学和艺术研究者之间的距离，形成了一个美学研究的独特的圈子。这种研究具有强烈的思辨性，从康德、黑格尔出发，又回到康德、黑格尔，不面向生活和艺术的现实。谈论在美学领域里建立唯物主义的（反映论的）认识论、既辩证又唯物的（因而主客观统一的）主义、历史的（因而客观并社会的）唯物主义，是哲学上的追求，也是“政治上正确”的努力[①]。也许，这种思辨性，是20世纪50年代的美学大讨论能够避开政治干预的原因之一。从这个意义上讲，这是思辨的功绩，是保持美学大讨论学术性的条件，但同时，这也是当代中国美学脱离艺术实际的源头。

本来，康德与黑格尔的美学，都曾具有现实的艺术指向，与建构一种自律的艺术和无功利的美学，从而形成一种相应的艺术哲学有关。这些理论原本既是思辨的，也是指向艺术现实的，与当时艺术的发展具有遥相呼应的关系。从这个意义上讲，不管他们的思想本身多么抽象，都对同时代艺术的发展，或起了推动作用，或起了理论支撑的作用。艺术是需要理论支撑，并且通过理论而获得固化的。否则，艺术在发展过程中潮起潮落，最终什么也不会留下。

当代中国美学最早是从一个争论，即美是主观的还是客观的争论发端的。这种源头，决定了当代中国美学具有高度抽象的“超越”传统的特点。主观的就是浪漫主义，客观的就是现实主义？他们说，不是这个意

① 这里分别指20世纪50年代中国美学的三个主要派别。强调在美学上坚持“认识论”即“反映论”的，主要是蔡仪，参见蔡仪的《新美学》第二章和第三章，《蔡仪文集》第一卷，中国文联出版社2002年；认为要既辩证又唯物地研究美学，从而建立主客观统一论的美学，主要是朱光潜，参见朱光潜《美学怎样才能既是唯物的又是辩证的》《论美是客观与主观的统一》等文章，见《朱光潜全集》第5卷，安徽教育出版社1989年；强调美的客观性与社会性的，主要是李泽厚，他在《论美感、美和艺术》《美的客观性和社会性》《美学三题议》等文章中，阐释了这一观点，参见李泽厚《美学论集》，上海文艺出版社1980年。

思，甚至完全与这些“创作方法”上的主义无关。否则的话，“两结合”就自然等同于“主客观统一”了。主观的就是主观唯心主义，客观的就是唯物主义？是，也不是！坚持自己是客观论者的人，曾这么说过。但是，坚持自己是主观论者的人，曾反复强调他们只是美学上的主观论者，与哲学上的主观唯心主义无关。美学讲的是美的本源，而唯物、唯心之争，是讲认识的本源。

这么说来，这种主观与客观的争论，与艺术以及艺术中的种种“主义”，已没有什么关系。美的本源成了一个抽象的思考，并由此形成当代中国美学的传统。这种争论形成的传统，造成美学研究与艺术研究的分离。在20世纪50年代，许多讨论美的主观性与客观性的学者，并不是从他们关于艺术的经验出发，而是从在美学领域建立唯物论，从而获得政治上的正确性出发的。20世纪50年代，不少美学家具有强烈的艺术兴趣，他们有着丰富的艺术经验，甚至是具有一定水平的艺术家，但在当时的那种语境下，艺术的经验不能帮助他们获得思辨性，从而形成有说服力的立场。有时，情况恰恰相反。在那种美学讨论中，艺术的经验成为一种必须被排除的习惯，而不是提供力量的源泉。美学家越是有艺术经验，越不能在美学论辩中占据有利位置。

在20世纪50年代到60年代中期，以及70年代末到80年代中期，这种美学与艺术的分离曾两度由于“形象思维”的讨论而拉近。一次是20世纪50年代中后期，形象思维的论述与论争努力纠正关于美的主观与客观讨论的抽象性的弊端，从而引导研究者回到对艺术规律，特别是关于艺术的思维规律的探讨上来。这一讨论后来被以坚持“马克思主义的认识论”为名而严厉批判，并随着“文革”的到来而销声匿迹。在1978年开始的新一轮“形象思维”的讨论中，美学与艺术的距离得以被再次拉近。但是，这种讨论在当时，仍是政治意识占据主导地位。人们利用毛泽东给陈毅的一封信的发表而形成的舆论冲击波，试图突破“文革”时代的文学理论的框架[1]。这有所谓“借东风”的意味。当然,这个东风借得好,启动了新一轮的“美学热”,推动了当时的思想解放大潮,也促进了新时期文学艺术的大繁荣。然而,在当时,对艺术思维规律本身的探讨,还处于初级阶段。

在中国学者心里,长期以来一直潜藏着对纯美学追求的冲动。这种纯美学,就是中国语境中的康德与黑格尔的美学,后来又加上海德格尔等人。20 世纪 50 年代的争论中,曾有过“交美学的底”的说法。美学有“底”吗? 谁的美学是“底”? 对“美学”之“底”的猜想,实际上显示出的是一种对美学的超越性的追求。

“实践美学”本身是很“超越”的。它源于这样一种看法:康德认为“物自体”不可认识,在他以后的德国古典哲学家们纷纷投入到对“物自体”堡垒的攻击之中,从而宣布这个堡垒一次又一次地被攻克。“实践哲学”的持有者认为,此前人们都是在认识论的范围内讨论问题,只有进入到“实践”的领域,才能攻克这个堡垒。“实践美学”建立在这样一个抽象的哲学讨论的基础之上,并与它相隔多层。他们认为,美学的问题,归根结底是实践问题,但从实践到审美,相隔有多种层次[2]。然而,也正是由于“实践”这个词,促使一些美学家追求“美学”的“实践”,从而使美学回到生活和艺术中。也就是说,利用这个词的多义性,实现理论上的转换,从“实践美学”走向了“美学实践”。

在这种情况下,另有人认为,这样形成的美学,就不够“超越”。他们认为,要建立一种“超越”的美学。这种“超越”的美学,认为“实践”不具有精神性。他们要建立的是一种更具精神性的美学。如果美学要更加具有精神性,那么,它要走向何方呢? 这让当代美学家们感到困惑。过度的精神性,只能使个人离时代与社会越来越远,使美学对当下发生的各种现象越来越不具解释能力。当美学家们自己说“我欲乘风归去”之时,美学

① 毛泽东《给陈毅同志谈诗的一封信》,《诗刊》1978 年第 1 期。这封信提前在 1977 年 12 月 31 日的《人民日报》上发表。

② 参见李泽厚《批判哲学的批判》,人民出版社 1984 年。

这个学科也就会“黄鹤一去不复返”了。

我们这里所说的超越美学，不是这个意思。这里所说的超越美学，是指“超出美学之外”，即所谓的对美学本身的超越。它不是以达到更加精神性来超越，而是超越人们对美学的既有理解。这是两种完全不同的“超越”：前者是 transcendent，后者是 beyond；前者是“向上”或者“进一步美学化”，后者是“走出”，走出传统的美学；前者是“提纯”，后者是“掺杂”。这样建立的美学，不是更加“纯”的美学，而是一种“杂美学”。

这种“杂美学”的第一要义，当然是要走出传统美学的边界。从这个意义上讲，我们首先要做的，是说明这种“美学”不是什么。当沃尔夫冈·韦尔施说要重构美学（undoing aesthetics）之时，他说的是要对既有的美学（aesthetics）做重构的工作。具体说来，要走出美学的一些基本前提①。

二　超越美学超越了什么？

这里所理解的“超越”，是说要走出“纯”美学，也就是说，要挑战过去所理解的“美学”的一些基本前提，由此，出现一些新的研究。

我们曾认定，审美是无功利的、无目的的。这些限定都是有问题的。我们所见到的大量艺术作品，都不能说具有无功利性、无目的性，也不能去静观。例如音乐，无论是贝多芬的《英雄交响曲》，还是冼星海的《黄河大合唱》，都不能说是无目的的，也不能去静观。作曲家和听众都是在心潮澎湃的状态下，接受音乐的感染。这些音乐情感，有历史具体性；由此出发，通过抽象，又具有一定程度的普遍性。

类似的情况，也出现在人们对文学作品、绘画和雕塑作品的欣赏之

① 沃尔夫冈·韦尔施《重构美学》，陆扬、张岩冰译，上海译文出版社 2002 年。

中。并非所有的文学作品都作为无功利的静观对象而存在。我们喜爱充满历史感和哲理的小说,赞美它们的深刻性,给我们提供关于历史和人文的知识,而不是无目的和无功利。马克思、恩格斯说,从狄更斯或巴尔扎克那里学到的,比从历史学家和经济学家那里学到的还要多;列宁说,列夫·托尔斯泰是俄国革命的一面镜子;毛泽东说,《红楼梦》是封建社会百科全书。这些我们所熟悉的话,说的都是这样的意思。诺贝尔文学奖评奖,在20世纪初是以道德性和理想主义精神为标准,后来变为以通过宏大的历史感深刻反映众多人的命运和一个时代的丰富多彩的生活画卷为标准。这些标准也可以说是美学的,但也不那么"纯粹"[①]。其实,即使我们从那些"纯粹"的、具有文学性的诗中所得到的,也是有助于认识生活、提高感性能力的感悟,而不是像康德所说的那样,是理解力与想象力的自由活动本身。

绘画作品也是如此,最使我们感动的,是米开朗琪罗的《大卫》和《创世纪》,最能给我们历史感的,是拉斐尔的《雅典学院》。其实,这些作品都与无功利和自律无关。潜藏在中国从元代到清代绘画中的隐逸精神,也决不是由于无所为而为和纯粹的技巧取得成功,而是透露在画中的一些情感与心境,在一些文人心中产生共鸣。

来源于夏夫茨伯里和康德的审美无功利观念,原本只是一种关于审美的最纯粹的假定。审美被假定为不是获得知识,不是欲望的满足,而只是知解力与想象力的和谐运动。这种纯粹的审美活动,在现实生活中并不存在。我们哪怕是欣赏一片风景的美,也与切身的感受、对过去的回忆与对未来生活的向往有着各种各样直接与间接的关系。康德通过先设定一个抽象的概念,使读者想象一种纯粹的审美的存在,再逐步加入一些不纯粹的因素,从而形成他的审美的解释。这种设定和论证,从方法上是独特的,但在今天,很多弊端已经暴露出来,需要重新检讨。

① 参见拙作《诺贝尔文学奖与中国》,载高建平著《全球化与中国艺术》,山东教育出版社2009年。

当然，我们这里不是探讨康德美学前提上的问题，不是从体系上对它进行批评，而是说明，它所产生的实际效果，构成了艺术上的既成事实，成为当代艺术进入困境的原因。同时，这也成为理论上的新的生发点。

要走出美学，或者说“超越”美学，我们所需要做的，首先是要认识到：审美不是“观照”（contemplation）。审美的活动，被理解成关注事物的形象，离开事物本身及其功能和意义。我们怎样才能离开一棵树的实际存在，即它作为一株植物的存在，而只是根据它的形象来欣赏它呢？它作为树的存在，是我们对它的欣赏的前提，离开了这个前提，就谈不上对树的欣赏。我们可以对待一棵古松有三种态度，即实用、科学和审美的态度。但不管怎样，这些态度仍是对待一个具体物的态度，即我们仍需要把一棵古松当作古松来看，而不是把它当作一个与古松无关的形象来看。因此，这归根结底仍是对待一棵古松的态度。同样，对一个人的美也是如此，前提是对象是一个人——男人或女人，然后才能谈得上美，男人有男人的美，女人有女人的美，没有离开人本身的抽象的美。离开这一切，幻想凭空产生一种态度，即纯粹而无功利的审美态度，再对对象做纯形式或纯形象的观照，这只能是一种神话。

审美的感官，并不仅限于眼睛与耳朵。对视听感官的崇拜，从古希腊时就开始了。现代美学的兴起，加上它本身的理性主义传统，以及它对无功利的假定，使这种崇拜走向极端。在视听以外有没有美，是否可以有视听以外的审美？这本来不是一个问题，却在理论的重压下，成了问题。鸟语花香是一种乐境，但如果鸟语可以被“审美”的话，花香是否可以？美食讲究色香味，是否这都与“审美”无缘？或者只有“色”可审美，“香”和“味”都不可“审”？那样美学家们都只是看人吃饭的人了。如果审美是一种感性的享受与感性能力的提升的话，那么，只局限于视听的感性，是一种被阉割的感性。

再谈艺术，艺术从来就没有“自律”或“自治”“独立”过。艺术原本是一种制作，一般人的制作不是艺术，能工巧匠的制作就成了艺术。后来，艺术与一般的制作分开，其意义仅限于“创造”。上帝创造世界，艺术家创造艺术，由此，出现了两个层次的创造。

然而，在一般情况下，当我们谈论艺术时，我们所说的，只是创造另一个世界之物。柏拉图的“三张床”的理论，被理解成有三个世界，第一个是理式的世界，第二个是现实的世界，第三个是艺术的世界。三个世界各自独立，其间所包含的真理成分依次递减，从认识论的角度看，艺术的意义是负面的。到了18世纪，法国的夏尔·巴图则在模仿的名义下，建立了一个积极而有正面意义的艺术世界。现代艺术体制和现代艺术观念由此形成，并经由《百科全书》的确立，在康德的《判断力批判》中成为美学的有机组成部分。在19世纪，随着浪漫主义的兴起，原本被“作”出来的艺术作品成为一个有机整体，有了小宇宙的构想。这时，为艺术而艺术，从而艺术本身成为目的的观念，以及与此相应的“想象”“天才”“趣味”等在前一个世纪就有的思想，汇集成了一个整体[①]。

艺术自律的观念，是通过长期积累形成的理论成果。这种成果影响着艺术生产的体制，从而影响艺术史的发展。然而，如果我们回到艺术自身的话，就会发现，艺术从来就不是“自律”的。艺术与非艺术的物质产品生产，艺术与工艺，被当成“艺术”的高雅艺术与不被当成“艺术”的民间和通俗大众艺术，从来就没有被明确区分开来，其间有着千丝万缕的联系。当理论注重它们之间的区分时，我们可以看到许多明显的区别；当理论注重它们之间的连续性时，我们同样可以找到许多连续性的证据。这就看我们运用什么样的理论来武装自己了。

超越美学，从某种意义说，是像沃尔夫冈·韦尔施所说的那样，是重构(undo)“美学”这个学科，以实现美学的消解。美学为什么要被消解？这是我们需要研究的问题。

---

① 这里有关西方美学史的描述，可参见门罗·比厄斯利著《西方美学简史》，高建平译，北京大学出版社2007年。

三　在多学科框架中思考美学的困境

实际上，并不是到了今天，我们才呼吁要“超越”或“走出”美学。实际上，康德意义上的美学，早已经被人们超越了。重复康德、黑格尔等人对美学的论述，在今天的世界中，成了一些学校老师的职业。他们解读这些经典，总结这些经典的意义，帮助学生克服理解上的困难。我们也会看到许多这方面的书，作者以忠实地阐释一些经典著作为追求目标，他们也以做到这一点而为人们所尊重。特别是要做到这一点需要克服语言上的困难，克服时空所构成的理解上的障碍，这就更加得到人们的赞叹。

然而，在今天，人们阅读经典的目的，并不仅仅限于阐释。以解经的态度来读经典，是一种学问之道。读经典的人很多，各有各的读法。有人以读懂为目的，也有人以借此阐发为目的，而更多的人，是融各种读法于一体，在各种读法之间游动。

从康德、黑格尔以后，美学也有种种发展。美学作为一个学科，在20世纪出现了新的辉煌，有许多不同的流派，经历了不同的阶段。从克罗齐到苏珊·朗格，从欧洲到美洲的许多学者，都走在美学的道路上。

20世纪中叶兴起的分析美学，有其独特的发展机缘。它实际上是美学作为一个学科走入困境的产物。在美学逐渐被其他一些学科所取代，或者被挤占了地盘之后，分析美学为这个学科找到新的生存之道。当空疏的大体系不再能说明问题，心理学美学遇到窘境时，语言分析之道就乘虚而入了。

如果说，哲学曾经是科学之母的话，那么，美学实际上是许多与艺术有关的学科之母。许多人最初由于对美学的兴趣，进入到对艺术和自然之美的研究和写作之道中，但他们随后就厌倦美学的思辨式推理，走向各种实证性的研究。

美学在转向艺术研究时，出现了一种“离开美学”的艺术学。这种艺术学不再像黑格尔那样，用理念与感性显现，或者用其他的某种概念来统括艺术，描述艺术发展的历程，描绘艺术发展背后的某种神秘的或不神秘的精神运动，而是进入到具体艺术作品的实物或图像间关系的研究之中。

例如在绘画中，艺术史家们进行关于画家的生平、受教育经历、交游的考证，以及关于绘画的纸或布、颜料和画笔等材料的形成和作用的考证，以及关于艺术的风格史和图像学分析的研究，如此等等。艺术学有许多具体的东西要研究，这些研究构成一个巨大而精彩的领域，可给人以实在而不空虚的感觉，可以让研究者有很多事可做，让学生有很多东西可学。如果说，关于艺术的美学流于推论和猜想的话，那么，艺术学就力戒这些浮泛之论，而给人以实在的知识。

类似的研究，也出现在雕塑、建筑等艺术门类之中。雕塑学要研究所加工的材料、所使用的工具等，也就与绘画研究有着相互影响的关系。至于建筑学，则完全不同。在建筑学中，材料可能具有决定性作用。建筑师的聪明才智，不是体现在他有什么样的自由想象力，而是他有什么样的基于材料的想象力。

再次联系黑格尔的《美学讲演录》，我们可以看到，艺术学走着一条与黑格尔美学恰恰相反的路。黑格尔研究理念逐渐挣脱美学对物质的依附性，从而最终回到自身的过程。艺术学则正好相反，它研究在艺术中精神对物质性事物的依附。

同样，音乐学不是研究音乐表现了什么，而是研究音乐是如何表现的，即通过什么样的手段——调式、和声、旋律、节奏等——来实现的。如果有某种东西叫文学学的话，那么它所研究的就是结构、象征、隐喻，以及各种叙事方式等等，而不是研究文学作品究竟表现了什么，它在精神的发展中占据了什么样的位置。

艺术研究走出美学的限制之后，有了很大的、很专门的发展。这是艺术研究的必然。这种研究从材料出发,具有实证性。由于材料的丰富性,这种研究开拓了巨大的研究空间。

我们还应该看到,绝大多数人对艺术进行学术研究的目的,并不只是揭示艺术背后的规律,或它的精神性,而且是为了解决艺术在现实生活过程中所遇到的问题,说明它们的意义,促使其为人们所接受。因此,艺术研究追求一种理性主义精神,使它哲学化,从而使它走向美学,那只是很少一部分人所做的事;绝大多数的人,都在以自己的行动本身形成另一种合理性,使艺术研究非哲学化,走着与美学相背离的道路。

与此相对应,对自然美的哲学描述,也被对环境和生态的关注所取代。由于当代社会所出现的生态与环境危机,大量相关的研究出现,从而给原本局限于描述自然的哲学、美学的学者开拓了新的空间。他们向研究者们说:“请你读一本《寂静的春天》吧! 你觉得那本书所描绘的场景美吗? 如果不美,请关注生态吧。只有符合生态的,才是美的。”其实,环境和生态美学所要回答的,不是对生态本身的关注,不是号召我们参加生态保护活动,也不是研究解决具体生态问题的途径。所有这些工作,都是很重要的,但这不能构成美学的独特性。对环境和生态问题的关注本身,并不能带来一种有关美学的研究。

美学还被名为文化研究的学问所取代。许多从事美学研究的人,转而从事文化研究。他们提出,当代社会出现了大量的文化现象。这包括市场和新媒体所带来的生活和艺术的变化。随着市场的发展,全球市场的形成,艺术的商品化,出现了许多使人目不暇接的现象,促使一些人进入对这种现象的描绘之中。同样,网络和新媒体给文学和艺术带来极为深刻的变化,新技术日新月异地发展,大量新现象层出不穷,无数研究者对此兴奋不已。在这个美丽的新世界中,就算人有十手,手有十指,也不能指出新媒介所带来的各种可能性;人有十口,口有十舌,也不能说出新媒介给人的生活所带来的妙不可言之处。如果我们找到一些早年的科幻小说来对照,就会发现,那些预言全部实现了或者说过时了。我们生活的世界，比科幻小说还要美，还要神奇。于是，这些研究者在描绘，在预言，对于那些不同意他们描绘的人，他们认为，那是目光短浅，是没有看到他们所看到的世界之美丽。被归入文化研究的，还有另外一些人，他们研究各种文化现象，如青年亚文化研究，非主流文化研究，以及随着后现代社会到来而出现的一些社会现象研究。这些现象过去闻所未闻，却精彩纷呈，需要有人关注。在文化研究这样一个模糊的概念下，人们研究着各种各样的问题。这些研究，本来都可以成为美学研究的补充，但实际上，却成为走出美学的大潮。研究者忘记了自己的责任，在流连忘返中只是在描述、描述、再描述。于是，正像艺术学走着一条与艺术哲学相反的道路一样，文化研究与文化哲学的走向是相反的，与美学的走向也是相反的。

构成当代社会中美学危机的，还包括艺术的危机。当代社会中艺术的危机，来源于艺术的产业化与产业的艺术化。艺术的产业化，是指传统的，个人独创，为着明确的艺术接受者，从而保持着个人与个人关系的艺术，被现代化的大生产所取代。艺术成了文化工业，是适合于大众的廉价消费。产业的艺术化，指日常生活产品变成了艺术设计的产品，人们被设计所包围，从而处处皆美。这种营造出的美的充盈，同时也是美的滥用或美的丧失的表现。传统的美学，在这时已经变得无用，对发展着的这一切无可奈何。

结语　美学回归的意义

在此情况下，许多学者呼吁超越美学的美学。走出美学之后，不等于就不要美学了。走出之后，最终还是要走进。美学之外的美学，仍然是需要的。我们一方面可以说，理论是灰色的，生命之树常青；但另一方面，我们也应该说，新的时代需要新的理论。这不是简单地认为，我们经历了一种新的理论取代旧有的理论的过程。实际的情况是，当旧理论在发展着的现实面前崩溃，从而进入到一个无理论的时代之时，新的理论会由此而兴起。

我们需要新的美学，这种新的美学，不是回到康德的二元论美学，也不是回到审美无功利和艺术自律。我们承认一种“杂美学”，容纳各种有功利的美、非自律的艺术。但是，新美学的意义，还不仅在于此。“杂美学”只能是一个过渡时期，是没有美学的时代的美学。如果说，超越美学代表着这个时期的状况，即在美学陷入困境，通过种种修补来维持其存在的话，那么，超越美学的美学，则要致力于一种新美学的建构。

回到 aesthetic 这个词原初的意义上来，这个词本来的意义，就是“感性”。我们有一种能力，就是感性能力，这种能力不仅体现在艺术中，也体现在生活中。我们研究哲学，要探究和弄懂生活中的道理。这种道理不是事物发展的规律，那是一些具体的学科研究的对象。哲学是对生活、自然、社会的理解。这种理解要回应各学科的发展，回应社会生活各个方面的发展，在此基础上形成对生活的领悟、信念和一些推论。同样，我们研究美学，是研究生活、自然和社会感性的方面。

这个方面具有高度的流动性和易变性，很不好研究。一个很好的“抓手”，还是艺术。研究艺术在当代社会的变化，克服过去的“纯”艺术的偏见，说明艺术还具有“创造”的意义。关于艺术，曾有过一种将艺术与工艺分隔开来，以艺术的高雅来教化社会的观点。这种对艺术的期待，具有以艺术滋养社会和人的心灵，建构社会的等级秩序的意义。到了“后现代”时期，出现了以艺术来救赎，以期它像一剂猛药来医治陷入病态的社会的观点。这种救赎观，曾经很流行，成为了许多当代美学流派的一个共同特征。但是，这仍然存在着一个悖论，即艺术的存在和繁盛，与社会的疾病有着相互依赖的关系。依照这个观点，艺术越繁荣，社会就病得越重。

近年来，一种古老的争论由于艺术形式的多样化、艺术与生活界限的模糊等原因，而被人们重新提起。有一种说法是，在现代社会，艺术已经失去了它的边界，与生活融合在一起了。这种说法，与前面所说的“滋补”和“救赎”观都不同。由于“滋补”和“救赎”，艺术有存在的理由。如果否定此两说，则需要重新寻找艺术存在的理由。如果找不到，那艺术就失去了边界，于是艺术品与日常生活用品的区别就消失了。

美学要建立新感性，将这种感性与一种古老的追求，即个人的独创及人与人的直接的交往和相互欣赏结合起来。从字源上讲，审美(aesthetic)是与麻木(anaesthetic)相对立的。麻木是缺乏感知力，审美则是有感知力。一种与审美(aesthetic)有关的美学(aesthetics)要提高感知能力，使人从现代工业、信息技术、过度的消费中清醒，回到健康的感性上来。

生态美学要从人与自然的根本哲学关系出发。二元论的哲学，形成人与自然的二分，自然是人欣赏和改造的对象，要么是自然压倒人，要么是人战胜自然。美是对被人所掌控的对象进行欣赏，而崇高是对自然向人的威压的反抗以及相应形成的对反抗结果的感觉。所有这些，都建立在人与自然二分的前提之下。在这些哲学前提下，最多也只能呼吁人对自然的保护，而不能形成人与自然共生关系的哲学理解。生态美学要从自然是人的环境而不是人的对象的哲学观出发，它也是环境美学。那种强分生态美学与环境美学，从而形成门派之见的做法，没有什么意义。我们周围的世界，本来就是美的，现代工业使环境美丧失。我们需要呼吁环境与生态的保护，但这种保护并不是美学研究的内容。环境被破坏了，原始森林被砍伐了，水源被污染了，这是我们所面临的现实。美学研究者可以变成环境保护的活动家，参与各种活动来保护它，这是需要的。但是，这不是美学。环境和生态美学，要建立新美学标准，说明在变动着的世界中，新感性如何构建。

许多原本从事美学研究的人，转而从事文化研究，这本身无可厚非。的确，在文化研究的名义下，有很多的课题值得人们关注。文化研究所形成的一种超越学科局限的研究平台，对于人文学科的现代转型，具有积极意义。但是，文化研究并不能取代美学研究。一种从感性的、审美的角度对艺术、自然、社会和人生的考察，是不可或缺的。

种种迹象表明，我们正在经历一个美学回归的过程。美学会成为一个平台，各门学科的研究者，会到这里重新会合。它会成为一个新的方向，引领人们重新建立新的感性，重新形成对艺术、生活、社会、文化和环境的热爱。

第二章　新感性与美学的转型

美学应该是感性的，还是理性的？当代哲学家们倾向于放弃这样一个大而空的题目，而做些更为具体的研究。然而，一些古老的问题总是挥之不去，被人们反复追问，并让人从中获得新的启示。当代美学处在一个大转型的时代，传统的美学被超越了，但美学本身作为一门学科和学问，并没有被放弃，相反，在当代社会呈现出空前的兴盛。这种新美学的基本特征是什么，它以什么样的基本特征与传统美学相区别？这还不是很清楚，还有待于这个学科以其自身的发展来描绘。然而，有一点是清楚的，这就是对感性的重视和研究。这是回归，也是在新起点上新的出发。

一　现代美学的理性主义传统

在现代美学中，长期以来一直存在着理性主义传统。这种理性主义传统，体现在各个不同的哲学流派之中，也以各种不同的方式体现出来。从某种意义上讲,现代美学是从继承并批判鲍姆加登开始的。

“美学”这个词的德语形式 ästhetisch 最早的意思是“知觉的”。鲍姆加登在 1750 年出版了一本名叫 *Aesthetica* 的书,他所用的这个词源于希腊语的动词 aísthesthai,意思是“知觉”。因此,这个词原来的意思与“感觉”和“知觉”有关。将之译成“美学”这两个汉字,不过是汉字文化圈的翻译而已,关于这一点,中国和日本学者都有考证。当然,我们不能简单地就据此理解,鲍姆加登要建立一个感性的美学。对于鲍姆加登本人和他的时代来说,这实际上是不可能的。鲍姆加登是一位理性主义哲学家。研究者认为,鲍姆加登不过是表述了“笛卡儿哲学在艺术领域所隐含的意义”而已①。鲍姆加登试图“依据笛卡儿的原理和理性主义的演绎方法,用形式上的定义和推导,建立一门(主要与诗有关,但也可扩展到其他艺术之中)美学的理论”②。鲍姆加登的哲学体系和方法论是理性主义的,他的这种理性与感性二分的做法也是根据理性主义的哲学而做出的。他与周围人不同之处只是在于,他要在此框架之内给感性一个独立的位置,即在承认理性至高无上地位的前提下,给予美学作为“低级认识论”而存在的权利。今天,有人喜欢说,美学是张扬感性,并以“回到鲍姆加登”为号召,这与事实相差很远。

---

① 门罗·C.比厄斯利《西方美学简史》,高建平译,北京大学出版社 2007 年,第 133 页。
② 同上。

理性主义哲学家们认为,美在客观事物本身。一物之所以美,是由于它“完善”,即体现了此物之特性及此物发展的可能性。在同类的事物中,此物比彼物美,是由于此物更“完善”。此马比彼马美,是此马更“完善”,此人比彼人美,也是由于此人更“完善”。这种说法有一些道理。残缺与畸形不美,病态与发育不良不美,健全、健壮、健康才美。如果撇除了例如林黛玉式的病美人、断臂维纳斯这样的残缺美等需要进一步解释的例证的话,我们可以说,从通常的观点看,这种说法确有道理。鲍姆加登仅仅是想在这种通行的说法之上再加上一点点,说存在着不同的“完善”,其中应该包括一种过去没有提到过,或不被人们重视的“完善”,即感性的“完善”。这后一种“完善”,不再是体现了一物在本质上的规定性,即将一物的内在的可能性发挥出来,相反,它体现在外在的表现上,如事物的外观,诗的格式和韵律,以及艺术的表现手段。

鲍姆加登没有放弃理性,他只不过认为,aesthetica 这种“低级的认识论”也有存在的权利,有设立一个学科对它进行研究的必要。正是由于这种努力,他被后世奉为“美学之父”。在理性重压下,他开启了一条通向感性的道路。他启示了哲学家们对“感性”的重视,也由于他自身的不彻底性而给予后世一个通过批判他而发展理论的契机。

美学作为一个学科,在康德那里得到完整的呈现。康德综合了各种理论因素,如夏夫茨伯里的“审美无利害”,休谟的“趣味说”,维柯的“诗性思维”,夏尔·巴图的“美的艺术”的体系,博克关于“崇高”的论述,以及当时普遍流行的关于艺术需要“天才”、艺术品是“有机整体”等观念,并以他自己的鲜明的特色构建了美学体系①。然而,在这些思想影响中,起着最根本作用的,还是德国传统的莱布尼兹-沃尔夫哲学,即理性主义的哲学传统。康德借助休谟所代表的英国经验主义来挑战德国传统,但仍从这个传统中继承了很多东西。直到今天,仍有英美的一些对“美学”抱有敌意的人在说起这个学科时,都说这是德国人搞出来的一套东西。

---

① 参见高建平《“美学”的起源》,载《社会科学战线》2008 年第 10 期。

这种说法当然很偏狭，但也从侧面反映出现代美学中所具有的深厚的德国色彩。

今天，我们提到康德美学，讲得最多的是走出他关于“审美无功利”和“艺术自律”的规定。这些观念，由于19世纪声势浩大的文学和艺术上的浪漫主义运动而得以发展和强化。其实，在康德的体系之中，起到更为核心作用的是关于美是“判断力”的观点。康德认为，我们关于美的欣赏，是理性作用于感性，从而形成判断的结果。

康德试图回答一个问题：人在对美的欣赏时，是愉快感先于针对对象的评判，还是评判先于愉快。他的结论是，尽管评判不以“某个确定的概念为前提”，但它仍是“先行于对对象的愉快的”[①]。他的意思是说，我们的视听感官接触到了一个对象，先要对它进行“评判”，然后才愉快起来。我们看到一个人，一片风景，一件文学艺术作品，真的是先“评判”一番，然后才愉快吗？这种说法是很奇怪的。这句话透露出康德美学所存在的问题的关键。对此，他做了多种先期解释，说明对美的欣赏是“自由的游戏”，不依赖于“某个确定的概念”，却具有普遍性。但所有这些解释，都不能否认一个基本的事实，我们是先从欣赏中获得愉悦，然后才能判定某些愉悦是否属于美的感受，然而，康德的理解与我们正好相反。

汉语中关于 the aesthetic 翻译成“审美”的争论，正是从这里来的。这个翻译最早来自对康德和以康德为线索的美学著作的翻译。一个原本只是讲“感觉”的词，却被加上了“审”这样一个与“思考”“反省”“考察”“判断”等意义有关的字，原因就在于，对美的欣赏依赖于“判断力”。用这样的词来翻译康德的著作是正确的。由于康德对美学这个学科的巨大影响，这个翻译也就被固定下来。然而，什么是“审”字的含义？审视？审查？审判？所有这些都会带来误读。对美的欣赏，不能是“审”，而只能是“感”。但翻译已经确定了，成为历史，改不了，只能加以说明[②]。这个

---

① 康德《判断力批判》，邓晓芒译，人民出版社2002年，第53页。

② 参见高建平《“审美”是审美！“艺术”还是艺术！——关于“跟着走”与回到“硬译”的几点思考》，载《文艺争鸣》2011年第13期。

翻译也说明了问题的关键。康德所谓的“美是德行的象征”，就是如此。他难逃理性主义的藩篱，在“感”之前要加一个“审”，最终还是归结到“德行”上去，解决理性与感性的分离所造成的“二律背反”[①]。

黑格尔所做的事，是进一步将此学科理性化。他反对 aesthetics 这个命名，认为这个学科实际上应该是艺术哲学[②]。他关于“理念的感性显现”的定义，强化了理性对感性的统治地位。对于黑格尔来说，美学成了一种从精神史的角度研究艺术史的学问。他所关心的，是理念的进化历程怎样在艺术风格的历史中，在艺术流派的分野中，甚至在不同的艺术门类中体现出来。或者，可以反过来说，他要研究的是艺术发展进化背后的精神因素。黑格尔以一种宏大的历史观，将不同的艺术风格、流派、门类，将不同的精神活动的部门，统一到“理念”进化的历史之中。只有适合于感性显现的理念才能支撑着艺术的发展，当理念的进化超越了这一阶段时，艺术的时代就过去了[③]。这种思想也启发了后来的种种关于艺术终结的学说。

在 20 世纪中叶，分析哲学盛行。分析哲学是哲学和美学上的语言学转向的一部分。对于美学，维特根斯坦原本持放弃的态度，他认为，美学不过是伦理学而已。追随维特根斯坦，早期的分析哲学家们也排斥美学。但后来，恰恰是从分析哲学中，生长出繁荣的分析美学。分析美学将美学当作对文学艺术批评所使用的术语的研究。这种做法是一种坚持，也是一种回避。通过这种做法，美学致力于概念梳理，避开各种无谓的争论，超越形而上学的思辨，立足实际的语言使用状况；但这种研究使美学不再研究自然、人和艺术的美，而只是对批评的术语进行分析，从而形成一种对美和美的欣赏的间接性。当这种美学不再研究美的时候，它就急剧地向抽象分析倾斜，于是，美学就进一步变成了与感性无关的学问。

---

① 康德《判断力批判》，邓晓芒译，人民出版社 2002 年，第 53 页，第 186—188 页，第 199—203 页。

② 黑格尔《美学》，朱光潜译，商务印书馆 1982 年，第 3 页。

③ 黑格尔《美学》，朱光潜译，商务印书馆 1982 年，第 4—18 页。

中国的美学也是如此。20世纪50年代，曾经出现过“美学大讨论”，当代中国美学的一些流派，即所谓的“四大派”，都是在那场讨论中形成的。这场讨论由于时代的影响，将讨论的问题集中在关于“美的本质”的问题上，这与对美的直接感受相距遥远。这种讨论，当然并非与感性无关，有些参与者也举出大量的生活中的例子，说明美是如何存在的。一些美学家还是水平不错的艺术家，但是，这场争论所体现出来的仍是理性的胜利。参与讨论的各家各派致力于研究如何将美和美感与哲学上的唯物主义、辩证法、历史唯物主义等术语联系起来，他们要从“归根结底”的意义上探讨“美”的本源，进而用哲学学派的正确性来证明美学观点的正确性。那种从对美的感受出发提出的一些观点，一方面由于论争环境影响不利，一方面也由于自身的理论武器不强，从论争一开始就处于下风，并很快出局。这种关于“美的本质”的论争在20世纪80年代曾短暂恢复，随后就由于脱离美感和艺术欣赏而失去了理论上的活力。

二 当代的非理论化潮流造成对美学的背离

如果我们从一个较长的时段考察过去美学的兴盛与衰退情况，并以此为中心来考察相关和相邻学科发展，就会发现在中国当代人文学术的发展史上一个非常有趣、也极其典型的现象。20世纪80年代，出现了“美学热”，这种热潮是走出“文革”意识形态、思想启蒙、学术复苏的时代造成的，但到了20世纪90年代的中国，“美学热”就过去了。在整个20世纪90年代，出现了三大“反美学”的浪潮，即“文化研究”、技术化和市场化，都对美学构成冲击。一时间，颇有一种墙倒众人推之感，美学被宣布为过时的学科，美学著作不再受公众欢迎，美学研究者也仿佛有入错行之感。直到近年来，它才触底回升。这反映出的是一种普遍的非理论化现象。

美学是一种理论，它要讨论感性的问题，但理论的惯性使它偏离感性。在这种情况下，原本需要的，只是回到感性上来。但人文学科的发展自有其规律，并不以人的意志为转移。这种发展经历了一个由于反对美学的理性化趋势而走向反对美学这个学科的过程。在这一过程中，研究者们所做的，不是在美学中纠偏，而是反对美学本身，将一切理性主义带来的弊端和缺陷，都归结到美学本身，要对这个学科算总账。这时，美学研究队伍本身也发生了分化，出现了大批美学队伍的走失者。

这种“算总账”的表现之一，是用“文化研究”取代美学。文化研究作为一种人文研究的大潮，从一开始，就呈现出与美学相对立的面貌。一些文学研究者从文学出发，走向社会学、政治学、民族学、人类学等各门学科的综合研究，并且，以文化为平台，从事社会批评工作。这种研究走出了文学艺术的具体性，从而走向一种普泛性。

文化研究的出现及其在中国的兴盛，部分地源于一种理论上的张力关系。本来，社会学、政治学、民族学和人类学等研究，都有着自身的学科归属，与文学并无关系。从美学角度对文学艺术的研究，曾经起到过促进和保护文学艺术发展的作用。美学通过推动艺术与工艺的区分，建立现代艺术体系，研究现代艺术观念，起到了这些艺术实践活动的理论保护伞的作用。然而，文学艺术的进一步发展，特别是文学艺术批评以及文学艺术史写作的需要，使美学缺乏解释力的弱点逐渐暴露了出来。文化研究正是源于这样一种追求，即通过从其他学科借用理论武器，以增强对文学艺术的解释力。

这种对美学的挑战，首先从文学开始。在关注文化研究的人中，从事文学研究的，要多于从事音乐、美术等艺术领域研究的人。文学在传统上要比音乐和美术等艺术领域与政治文化更加接近，文学的从业者也常常比其他艺术领域的人有着更多的关注现实的热情。在古代，大多数的文学从业者是一种亦官亦文的“文人”。在现代，文学与政治的关系极为密切,文学家常常会成为一个时代的精神领袖。20 世纪 80 年代的“美学热”,总的趋势是推动研究者回到对文学的审美特性的研究上来。但是,文学所包含的内容毕竟非常广泛,并不能只是从单一的美的角度获得解释。于是,出现了跨界和扩容的声音。这种跨界、扩容的结果,就出现了“文学帝国主义”。守着文学这个阵地,进可攻,退可守,针对许多并非自己专业的内容说一通在过剩想象力的支撑下滋生出的话,却又想以文学为掩护,逃避对所说的话可能会负的责任。这当然是一种有效的策略,但如果从文学和美学的学科意义上讲,这毕竟只是个人选择,而不应该成为学科发展趋势。

在文学研究中,有一句古老的口号,叫作“文学是人学”。文学要写人,写人的生活,人的喜怒哀乐、悲欢离合、爱恨情仇。文学只有写出人的真情,才能感人。这里的“人”,本来是具体的、感性的人。追求突破旧有文学研究范式、诉诸文化研究的学者们,将这个定式运用到了极致,将之理解成一切关于人的学科,都应受到文学研究者的关注。于是,一个巨大的学科“光谱”,从心理学、人类学,到民族学、社会学、政治学、经济学,甚至生理学、病理学等等,都被收纳进来。文学研究者要研究各种学科,大量其他学科的现成材料被随意而非专业性地引用着。文学研究者们的能力、精力,以及学术训练范围,对一些科学知识的理解能力,毕竟都是有限的。于是,研究中出现了大量的误读的现象,研究者们随意引用,只是向广度延伸,而不向深度开掘。同时,这种研究又导致了学术文章只是做知识堆积而失去问题导向的局面,文学研究者们之间由此失去了对话性,他们在说着不同的东西。作为一些不断漂移的学术研究,这些研究对于打破学科间画地为牢的封闭性、增加理论思考的活力,具有积极的意义。但是,这种活力的增强,又往往是以学科边界的消失、理论深度的丧失为代价的。

当今,流行这样一种状况,文学研究者们在研究一切,就是不研究文学本身。对此,我们提出批评,觉得这种现象荒谬。那么,是什么样的理论逻辑使他们对文学本身视而不见，或故意避开？其实，还是要回到问题本身。本来，文学是人学，指的是具体的人。当这句话的意义被引申，各种关于人的学科研究被引入时，具体的人消失了。人成了某种现象的样本，某种类的代表。于是，理性进入，感性退场，文学在文学研究者那里消失了。

当然，另有一些从事文化研究的人也关心具体的人。他们参与各种社会实践活动，接触底层人群，包括打工者、小贩、留守儿童、同性恋群体，了解他们的生活状况。相对于一些学科的专业研究者来说，这些实践活动对于社会有着积极的意义。文学培养了一批社会关注者，这对于现代社会的形成，人们各方面兴趣的发展，是影响深远的。从这个意义上讲，这是文学研究者对人文和社会研究的贡献。在一些社会问题没有人专门研究，一些专业研究者受学院传统的束缚，不关注正在出现的大量社会现象之时，文学研究者在这方面起到了开创者的作用。文学培养出研究者广阔的兴趣，丰富的想象力，灵活的适应力，以及强大的表达能力，使他们为一些过去被人们忽视的学科的兴起做出了突出的贡献。这些都应该得到肯定。

但是，对于文学研究本身来说，这仍是一种方向的迷失。这是另一种不研究文学的现象。在这种研究中，没有文学的位置，也没有美学的位置。文学研究者化身为社会活动家，并宣布这才是学问，是“动手动脚”的真正的学问。这些做法都可以，有些事也应该做，但与文学研究已无关系。

与文学不同，在音乐、绘画、书法等艺术领域中，出现的是另一种反向的运动，从另一个方面走出美学。在当下的艺术界，流行一种观点，认为需要发展的，是艺术学而非美学。对于他们来说，黑格尔式的将艺术史看成精神史的做法被判定为空洞无物，不能解决实际的问题。艺术学要关注具体的艺术创作与欣赏中技术性层面的东西，要关注整理创作、批评和教学中所涉及的许多具体的知识，例如画家关于画笔、纸张的选择，以及怎样用墨用色，怎样处理干湿，怎样制造某种特定的效果等绘画技巧。音乐家和音乐史家们则要整理关于音乐的旋律、节奏、和声及历史方面的专门知识。对于艺术家来说，这些知识非常重要。

在艺术领域，出现了用艺术学而不是文化研究来取代美学的倾向，其原因与艺术从业者的修养、视野、兴趣有关，与艺术对技术的依赖有关，当然，也与这些知识整理者的学术环境有关。到哪座山，就唱哪首歌。做什么事，就说什么话。位置决定思维。提出用艺术学来取代美学的人，常常是一些教师，他们有实际教学的需要。由于职业、岗位，以及工作环境的需要，他们需要知识的整理，并由此形成课堂教学以及相应的考核方式。由于学院的教学需要，人们写出了各种教科书，整理了各种教学的体系。然而，正是学院教学对实用性的追求，使得美学被人们遗忘。

当然，中国的反美学潮流，是多种力量的合流造成的。前面所说的文学界和艺术界的种种反美学的倾向，只不过是整个社会的精神性的缺失的一种曲折反映而已。20 世纪 80 年代的“美学热”是由新启蒙的精神所推动的。市场经济的大潮带来的消费主义盛行，这种精神性就显得空洞、过时，不接“地气”。记得李泽厚写道，一本《批判哲学的批判》初本印了 3 万册，居然出版后没有几年就要重印，由此，“我倒记起恩格斯当年说过，德国工人阶级在社会沉溺于肤浅的实务时，却可贵地保存了理论兴趣，成为德国古典哲学的继承人。我想今天中国特别是中国青年一代中保持着理论热情和哲学兴趣，这也是一个值得重视的情况和优点”①。他对当时的读书风气和理论兴趣表示高度赞美。但曾几何时，中国人不读书，读书习惯的丧失已经成为普遍的社会问题。尽管有多次关于人文精神的呼吁，但其影响也只局限于很小的学者圈而已，不能对美学的振兴起到任何实质性的作用。

---

① 李泽厚《〈批判哲学的批判〉再版后记》，载李泽厚《走我自己的路》，风云时代出版公司 1990 年，第 186 页。

三　当代生活中的感性充盈与美的缺失

当代中国人的美感生存状态，受着两大变革的影响。对此，任何抗拒，或者视而不见，都是无意义的。这两大变化就是市场经济和信息技术的发展。

市场经济带来了消费主义。经济生活不再是生产多少就消费多少，而是消费多少就生产多少。消费主导着生产，于是，为了能多生产，就设法刺激消费，通过刺激消费来发展生产。我们曾经认为消费是有限的，当"社会财富充分涌流"时，就可以"按需分配"了。消费主义的理论告诉我们，消费可以被刺激出来，任何时候也不能"按需分配"，原因就在于再"充分涌流"也不够分配。当消费的刺激能力无限发展时，无论是资源还是生产力，都无法在与消费的刺激能力的赛跑中跑赢。

消费主义潮流带来了两种倾向，即艺术的产业化和产业的艺术化。

一是艺术的产业化。文化与产业的结合，使原本只是由少数人创造，供少数人欣赏的高雅艺术，被面向大众的，与机器、电子和市场结合的，进行着大规模生产和复制的文化创意产业所取代。艺术曾被赋予神圣的色彩。艺术家曾被看成是可以通神的，是祭司一类的人物，在迷狂的状态下代神发言。到了18世纪的欧洲，艺术被看成一种区别于工艺的、高雅的活动。艺术是美的，工艺是实用的。通过接纳诗歌、音乐和绘画，并经由音乐延伸到舞蹈，经由绘画延伸到雕塑，现代艺术体系形成了，由此工匠的制作活动，以及此后的机器生产都被排除在外。

这种现象到了20世纪就受到了挑战。覆盖在艺术之上的一层神圣外衣被揭开，艺术不过是一种生产而已。当大规模生产的艺术品也能给人以美的享受时，艺术就进入到新的生存环境之中。艺术家原本需要先让所写的内容打动自身，创作出发自心灵的作品，打动观众。现在，如何打动观众的秘诀似乎已经被人掌握。一些文化创意产业的生产者所要做的事，是像配药一样，提供必要的元素，再辅以科学制作方式，观众就必然被逗得或乐不可支，或怒不可遏，或涕泗满面，或伤心欲绝。既然掌握了规律，大规模生产就有了可能。在可以化学合成催笑剂和催泪弹时，让人发笑和掉泪就变成很简单的事了。

当艺术生产成为生产之时，艺术存在的古典形式就遇到了危机。艺术不再是独创的，不再让接受者感受到艺术家作为个人在劳作，并留下了心灵表现和身体劳作的痕迹。相反，艺术是一种被设计和生产出来的，要刺激作为消费者的观众，并在他们身上产生某种反应的物体。这种刺激，当然是感性的刺激。文化创意产业，带来了感性的洪流，造就感性的世界。

消费主义带来的另一种倾向，是产业的艺术化。市场竞争给商品生产带来的当然是好处。过去商品短缺，供应要配给，顾客是被施舍的对象而非被尊重的上帝，持币者没有尊严。后来，由于市场竞争，有了价廉物美的商品，有了良好的服务态度，持币者有尊严了，有钱就会有物，人们争着用物来换钱。市场改革给人们的好处，人人都能体会到。

只有市场才能带来价廉物美。价廉物美之“美”究竟指什么？本来既指质量好，又指外观好看，并且主要指质量好。但是，当质量普遍得到了提高，已不再是一个问题之时，外观就变得特别重要了。于是，在众多的产品中，有炫目的外观、突出的造型，在竞争中就有更多取胜的机会。物美之“美”的含义，在从“好”向“好看”的方向滑动。

市场的巨大力量，促使整个世界都在朝感性化发展。美的日用品、美的居室、美的环境，以至美的世界，我们生活在一个被外观所包围的世界之中。在这样的世界中，艺术要做什么？美学要做什么？这倒反而成了一个问题。

面对“艺术的产业化”和“产业的艺术化”，艺术应该怎么办？这是当代日常生活审美化以后所面临的问题。有一种说法是艺术的“终结”，原因在于,当所有的人都是艺术家,所有的作品都是艺术品之时,也就无所谓艺术了。面对这样的状态,有人呼吁,要重回理性,或者说,建立一种新理性。实际上,过度理性的加强,只会造成美学与现实间进一步疏离,从而使美学更加软弱无力。

四　美学的意义在于感性的提升

让我们再一次回到美学上来。美学的意义在于肯定人的感性,论证感性提升的意义和价值。

当我们考察人的时候,有一个传统的做法,即从人与动物的区别来定义什么是人的本质,并由此生发出关于人文学科研究的基本出发点。德国古典哲学就是这么做的。从康德到黑格尔,都认定人是理性的动物。人有理性,动物没有理性。此后,有各种各样的关于人的定义:人是使用语言的动物,人是使用工具的动物,人是有情感的动物,人是有道德感的动物,人是社会的动物,如此等等。这些论述背后都有着一些重要的哲学含义。

我们常常通过起源来论证本质,但实际上,对起源的认定,常常是从关于本质的理论衍生而来的。当人们说"泰初有道"时,我们不是在说,本来有一个东西叫"道",世间的一切都来源于它,而是说,在现实的生活背后,有着一个具有本质性的、被人们称为"道"的东西,人们应该追溯并发现它久远的来源。同样,当人们说"泰初有言"之时,所强调的则是关于语言的理论,说明是"言"这样的表述行为,而非"道"这样一个不可见的规则,应成为哲学思考的中心,由此人们来推定它的来源。对于其他来源的描述,都具有这方面的含义。由此,我们可以看到,有什么样的哲学,就有什么样的关于人的来源说。这已经不再是一个生物学或人类学的话题,而是哲学的话题了。

对此，我想质疑的，不是人与动物有什么区别，而是这样一个立场，即为什么我们要仅仅从人与动物的不同点，而不是人的全部特点来思考人的本质。人从动物进化而来，从动物到人的进化过程，不是某一天，或某一代人突然完成的，而是相当漫长。在这个漫长的过程中，各种因素都起着作用。现代科学越来越证明，人从动物祖先那里继承了大量的遗传特征。从基因图谱看人与人的动物祖先的差异，会发现其间的差别是极其微小的。仅仅从哲学上认定的某种人与动物的“本质性的”差别，来说明人与动物不同，并进而将这种差别说成是人的“本质”，是许多哲学家们历来惯常的做法。在今天看来，这种做法有着严重的问题。

如果我们能够承认人从动物进化而来的话，在考察人的本质时，就应该考虑从动物进化到人的连续性。这种连续性构成了人的原初特征，而人的其他特征，都是在进化过程中逐渐发展起来的。

人们喜欢将一些类人的动物与人所共有的行为，用不同的名称来命名，以此来论证人与动物的差异，说明人具有某种动物所不具有的本质特点。实际上，如果我们换一个角度来看，就可以发现，这种差别只是程度不同而已。人具有动物所不可能具有的享受美食的可能和能力，但这种对美食的享受，从觅食与进食的角度看，只是动物行为的发展而已。动物也有着对美食的追求，能区分什么是为了填饱肚子的，什么是爱吃的。人的两性关系当然与动物的两性关系有着巨大差别，但是，在研究人的关系时，仅仅从考察人的两性关系与动物的两性关系的差异出发，显然是不适当的。人是从动物进化而来，因而人的行为只不过是由动物行为发展而来，并以新的形式表现而已。

在中国美学界，长期以来流行一种“积淀”的观点，即认为，包括人的审美能力在内的各种人的心理能力，是从文化到心理的积淀的结果。这种观点的核心在于，原本理性的行为，形成一个“逻辑的格”。人的行为从学习到习惯，从有意识到无意识，从功利到非功利，从长期训练的动作到本能的反应，这是一个转化过程。在这个过程中，理性转化成了感性，文化积淀为心理。这种观点承认审美是感性的活动,但强调审美的来源是理性。为了证明这种观点,动物的美被否定了,美的来源被说成了是从打制石斧开始。这种观点认为打制石斧的行为,才使原始人有了最初的形式感。同样,也为了证明这种观点,陶器的抽象花纹被说成源于生活的、具有功利性的模仿活动。

这些观点的前提是一种人类中心主义:只有人才有理性,因此只有人才具有欣赏美的能力。这种观点从人与动物的区分寻找人的本质,并且用人的本质来论证美的本质。如果换一个角度,我们就可以看到,这种论证的方式和途径存在着严重的问题。人的本质不能从人与动物的不同之处寻找,而应该从人的能力和可能性方面去寻找。美的本质也不能只从人的本质进行逻辑推演,而应该回到人的感性生活上来。

由此,我们看到的是,人的思维和行动只能起到提升感性的作用。对于人的美感能力的形成,我们应该换一个角度思考,即人或者人的动物祖先,本来就有着美感能力。在长期的进化过程中,人的思维和各种活动,都对这种能力的发展起着重要作用。人不是通过理性转化为感性的“积淀”,从而使人的审美能力从无到有,并且在此基础上,使美的对象和人们对美的感受相互对应,同时出现。人本来就有着来自于动物祖先的感性能力,它们依赖这种能力生存和延续后代,这种能力也使它们在向人的进化过程中得以成长和发展。

从这里,我们再一次回到康德的命题,即评判先于愉快,还是愉快先于评判的问题。人的活动本来就是感性的。人在活动中趋利避害,同时也在趋美避丑。这种活动存在于日常生活之中,无处不在,也存在于从动物向人的进化的整个过程中。随着人的认识能力与实践能力的发展,这种感性活动就处在一个不断被改造的过程之中。这里面,有思考、评估、记忆,有错误的纠正,也有经验的总结,但无论如何,都不是评判在前,情感在后。情感总是伴随着人的活动的全过程,而评判只是间或穿插其中。

在当代社会,感性的充盈所造成的结果是世界的图像化,人被各种图像所包围。感性的困境只能通过感性来打破。美学要肯定人的感性活动,通过活动建立人与周围世界的新的连接。

结语　用感性应对感性

美学发展到了今天,已经达到了这样一个阶段,它迫切需要在一个新的发展阶梯上回到感性。这是一种对鲍姆加登理论的回归,但要突破理性主义哲学的框架。从柏拉图开始的一个哲学上的大传统,就认为感性所把握的事物的现象是处于变动中,转瞬即逝的;而只有通过理性才能把握的事物现象背后的内在本质,才是恒定不变的。哲学的任务是认识事物现象背后的本质。鲍姆加登肯定感性的独立性,指出存在一种感性的完善。这种观点开启了现代美学的传统。然而,这毕竟是在理性主义的框架中所做出的有限的努力。现代美学的发展,却呈现出从各个角度来批判鲍姆加登的倾向。理性主义的美学在一些哲学家那里多次得到肯定,并由此形成了一个又一个美学的高峰。这种现象造成的结果,恰恰是美学与艺术的脱离。美学的高度理性化,使艺术家们越来越对它敬而远之,从而使研究美学的人与研究艺术的人,成为完全不同的两种人,也使得美学越来越抽象化,不能解决当下的问题。

在当下艺术的产业化和产业艺术化盛行之时,人们对艺术本身也提出了理论的要求,希望通过理论的介入,帮助它脱离危机。在市场与科技造就图像的时代,感性变得麻木。拯救健康的感性,真正从感性活动方面来理解感性,召回艺术,重塑审美,成为时代迫切的要求。理性是无力的,只有感性的生命长存。新感性,是用感性应对感性。在美逐渐泛化、美被滥用时,用感性的艺术来呼唤一种新的感性,而不是退回到思辨中,听任艺术的终结。

第三章　美学与艺术向日常生活的回归

近年来，先后在国外和国内出现了许多关于日常生活审美化的争论。这些争论，对于我们深入了解当代美学所面临的任务，了解当代艺术的处境，思考美学和艺术的未来，是非常有益的。然而，在国外和国内，由于讨论日常生活审美化的理论语境不同，这个提法所具有的含义也不相同。部分争论者对相关的一些理论预设的表述还不够清晰，常引起对争论所包含的理论意义的误读。在此，我想简要地做一些客观分析和梳理工作，对有关的历史和现状做一个提要性的表述。

一　“美学”概念的起源与现代艺术概念的形成

在欧洲，作为高等艺术的组合的“美的艺术”（beaux-arts）的概念是18世纪才出现的。1746年，法国人夏尔·巴图神父出版了一部名为《归结为单一原理的美的艺术》的书。在这本书中，作者将音乐、诗、绘画、雕塑和舞蹈这五种艺术确定为“美的艺术”，认为这些艺术与机械的艺术不同，前者是以自身为目的，而后者是以实用为目的。在这两者之间，还有着第三类，即雄辩术与建筑，它们是愉悦与实用的结合。巴图的这一区分，后来被达朗伯、孟德斯鸠和狄德罗等人作了种种修改以后运用到《百科全书》的学科框架之中，成为一个被普遍接受的观念①。

几乎与此同时，德国人创立了“美学”这个词。1735 年，当时只有 21 岁的理性主义哲学家和逻辑学家鲍姆加登在他的博士论文《对诗的哲学沉思》一书中指出，事物可分为“可理解的”和“可感知的”，后者是“美学”（“感性学”）所研究的对象。一段话语可以在声音、韵律及该话语所包括的隐喻、象征等方面获得完善或不完善的表现，研究这种感性表现的完善的科学，就是“美学”。鲍姆加登对他的这一发明很重视，1750 年，以这个词为书名，发表了他的巨著《美学》第一卷。这套书他后来没有能写完，在第二卷出版后不久他就去世了。他的书是用拉丁文写的，读的人也不多。但是，这个概念的影响是深远的②。

---

① 有关现代艺术体系的形成，请参见 Paul Oskar Kristeller, *The Modern System of the Arts: A Study in the History of Aesthetics* 一文，载 *Journal of the History of Ideas*, Volume 12. Issue 4, Oct., 1951, 496 527。这里的观点，亦可参见门罗·比厄斯利《西方美学简史》，高建平译，北京大学出版社 2006 年版，第 136 页。

② 有关鲍姆加登和 18 世纪德国美学的情况，可参见 Paul Guyer, *18th Century German Aesthetics*, 见网络版 *The Standford Encyclopedia of Philosophy*，以及包括比厄斯利《西方美学简史》在内的各种美学史著作。

在18世纪中叶，欧洲国家中的人分别创造出了“美的艺术”的体系和“美学”概念。正像一切科学上和思想上的发明一样，近距离观察其具体的发明过程，都可看到种种偶然因素，例如，发现他们由于某种机缘，突然产生某种想法。但是，巴图和鲍姆加登两人都不是思想界的重要人物，不能进入那种凭借个人的力量独自改变历史进程的巨人之列。甚至，如果不是由于这两项发明，一般哲学史和美学史著作可能都不会提到他们。有人以文传，有文以人传，这两个人各自因发明了一个词而传。因此，我更愿意认为，这两个人的历史功绩主要在于创造了当时的历史发展所需要的两个关键概念。也就是说，不管他们的创造活动本身如何偶然，这些创造在当时被接受并流传开来，是有着必然的原因的。

将他们放在当时的历史发展进程之中，把他们看成对现代美学的形成做出贡献的众多的人中的两位，我们就会形成一个更为合理的理解。18世纪之初，在英国出现了夏夫茨伯里、哈奇生，在意大利有维柯，他们对审美无利害、对内在感官的论述，以及对感性、形象和艺术的论述，开启了这一美学的世纪。后来英国人休谟关于趣味的论述，博克和荷加兹对审美性质的分析，德国人摩西·门德尔松的四种“完善”说，莱辛对不同艺术门类间的同与异的探讨，都可以看出沿着这一大方向向前迈进的一个个脚印。这时，还出现了一个重要的区分，这就是心理学上的知、情、意的分立，在哲学上分别建立与此相对应的认识论、美学、伦理学，也就显得十分必要了。

其实，巴图和鲍姆加登两人最初都分别是作为批判的对象出现的。巴图将“美的艺术”归结为一个“单一原理”，这个原理是“模仿”。这种寻找单一原理的努力，随即就受到了包括让-巴蒂斯特·迪博、摩西·门德尔松，以及莱辛的批评。但是，这些批评“模仿”说的人，也只是做局部的修正。他们最终还是接受了巴图有关诸艺术来自于却又不同于现实生活，并共同构成了一个供人愉悦的独立的世界的观点。“模仿说”说的正是这个意思。古老的“模仿说”，在巴图那里获得了新生，因为他将柏拉图的一个否定性概念，彻底转化成了一个肯定性概念，并赋予这个概念普遍性。鲍姆加登的遭遇和巴图一样。在他之后，康德和黑格尔都批评他，甚至对“美学”这个词的合法性提出质疑。在康德的笔下，审美是判断的一种，而黑格尔要将美学改成艺术学。然而，“美学”这个学科恰恰在这种批判中得到了建立和完善。

应该说，直到18世纪末，在德国人康德和席勒那里，完整的美学体系才建立起来。康德将此前一切有关美和艺术的讨论集中到一个焦点之上，形成了以审美无利害和艺术自律为核心的美的体系。席勒将这一主观性的体系加以改变，注入了客观性的因素，使一个满足于哲学上的自我完满性的美学体系成为一个社会改造的假想性模式。

将巴图和鲍姆加登这两个人与“美的艺术”和“美学”这两个概念放在这样一段历史中观察，我们就可以发现，这一切都不是偶然的。“美的艺术”概念的形成，现代艺术体系的建立，“美学”作为一个学科出现，反映出艺术在历史发展中的一个独特处境。也许我们可以用最简单的语言来做这样的概括：17世纪的西欧，自然科学发展了起来，这为下一个世纪的“美学”的发展做了准备。18世纪的欧洲，理性成为至高无上的理念。这一时期，人们开始利用已有的科学和工艺的成果来理解世界，于是，科学主义在哲学中盛行，上帝成了一位高明的钟表匠。当科学与工艺生产分离，出现“为科学而科学”的倾向时，艺术与工艺生产分离，进而离出现“为艺术而艺术”的倾向就不远了。为了从当时的工商业中独立出来，为了反对以马基雅弗里和霍布斯为代表的政治和道德上的功利主义，审美无利害和对纯粹艺术的追求得到了发展。“美学”和“艺术”的观念正是在这种处境中生长起来的。

二　艺术与日常生活

艺术与日常生活分离,出现一个独立于日常生活世界之外的艺术的世界,是现代发展的结果。贡布里希在他的《艺术的故事》一书中多次重复一句话:从来没有存在过以大写字母 A 开头的 Art(艺术),而只是存在"艺术家"(artist)[①]。当然,以大写字母开头的 Art 还是存在过的,他这么说,只是想以此说明他的艺术观念而已。这种观念就是,艺术本来与工艺是一回事,都有着外在的目的。将 A 大写,是人的观念在特定时代和社会中发展的产物。

被我们今天当作艺术作品的古希腊神庙和神像,反映的是当时的宗教观念。被我们当作美的典范的维纳斯,智慧与勇武典范的阿波罗,以及各种美丽的男神、女神像,在当时都不过是宗教观念的载体而已。尼采在论悲剧时也承认,悲剧是从宗教精神中诞生出来的。在中世纪,大量存在的是圣像和圣徒像,那些修长的人体、发光的眼神,透露出一个神圣而神秘的神性世界。中国汉魏时代的人物画,也是以帝王像和神佛画像为主。王权和神权崇拜是这种画像的驱动力量。这种宗教性随着历史的发展被逐渐淡化。在文艺复兴时期的意大利艺术中,如果说其中的圣经故事像还多少有些宗教意味的话,那么,在这时出现的希腊神话故事像中的宗教意味就很淡了。

与宗教转化为艺术相反的情况,是一些民间娱乐活动转化成为高雅艺术。戏剧活动是一个典型的例子。它本来具有草根性,只是后来,由于上层和宫廷的提倡、城市商业文化的兴起,它才逐渐成为高雅艺术。中国的地方戏是如此,在西方也是如此。在今日的英国,莎士比亚的戏剧是最

---

① 见 E. H. Gombrich, *The Story of Art*, London: Phaidon, 1989。

高的文学范本,但在当时,它们只是民间娱乐活动。莎士比亚在英国文学史上的地位,与曹雪芹在中国文学史上的地位一样,是死后被追认的。

类似的情况,在手工艺术活动中也大量存在。在手工艺实用物品的生产活动中,大量存在着以美为目的对产品进行改造的现象。被我们后来当作艺术的一些工艺活动,只是诸多的工艺活动中的几种而已。画匠、雕刻匠、建筑师、乐师与铁匠、木匠、首饰匠所做的事,本来没有什么本质上的差别。艺术与手工艺的差别,是由于社会分工、科学技术和机器工业的出现、市场和货币交换的发展,才逐渐被建构起来的。

艺术与非艺术的区分,本来就是历史发展的产物。艺术从宗教性和实用性的活动转化而来,在社会的变迁中,寻找到一个暂时栖居的位置,以此体现社会中人的复杂分工的一种独特的情况。作为一个学科的"美学"也是如此。审美无利害,艺术自律,知、情、意分立,这些维系美学的基本概念,造就了"美学"在历史上的辉煌,也预示着这个学科将会出现的危机。

三　日常生活审美化理论的渊源

目前,人们对日常生活审美化观点的起源,有着不同的说法。有人说,最早提出这种观点的是迈克·费瑟斯通,有人说是沃尔夫冈·韦尔施,有人说是理查德·舒斯特曼,其实,这种观点很早就有,是一个被主流美学所压制却一直存在着的传统。

在 18 世纪"美的艺术"体系和"美学"学科出现,并在康德的影响下转向无利害和艺术自律的同时,反对的声音一直存在着。在 19 世纪的欧洲,早期社会主义运动的代表人物,如圣西门、傅立叶,都曾经表示过反对将艺术与生活的其他部分分隔开来的做法,强调艺术为建立理想社会服务的观点。孔德对未来社会计划时，认为艺术培养人与人之间的爱，这是社会秩序的真正基础。在法国社会学美学中，让-马里·居约提出，艺术在本质上有着深刻的道德性和社会性，这种道德性和社会性会给社会带来健康和活力。英国的罗斯金为艺术的社会责任辩护，莫里斯提出重新将艺术与工艺结合，认为真正的艺术是“人在劳动中的快感的表现”。除此以外，俄国的列夫·托尔斯泰强调艺术为增强一种在上帝的父爱之下的人们之间兄弟之爱的感觉而为之服务的思想。美国的爱默生指出美与实用事物的完善有关。这些思想家的出现说明，在美学和艺术的圈子里，并非是“审美无利害”和“艺术自律”观一统天下，它们只是在一段时间里占据着主导地位而已。在19世纪，另一个有着重要影响的美学线索就是马克思主义的美学观。马克思主义美学强调对社会和历史的现实主义反映，强调艺术家对生活的干预。由于马克思、恩格斯的许多有关文艺的著作和书信在当时并没有发表，马克思、恩格斯也主要被人们看成社会运动的指导者，因此这些论述直到20世纪才开始在俄国和一些东欧国家被人们系统研究，形成强调艺术的社会功能的马克思主义美学。

对当代日常生活审美化思想影响最大的，应该是杜威的美学。杜威的《艺术即经验》一书，从这样的一个前提出发：人们关于艺术的经验并不是一种与日常生活经验截然不同的另一类经验。他要寻找艺术经验与日常生活经验、艺术与非艺术、精英艺术与通俗大众艺术之间的连续性，反对将它们分隔开来。他认为，过去的种种美学都从公认的艺术作品出发，这种出发点是错误的。如果人们只是对挑选出来的美人做形体测量，就不可能形成关于美的根源的理论，其原因在于，人们在挑选对象时，就已经投射了主观的美的标准。如果只是对公认的艺术品进行分析，就不能达到艺术的理论。这些作品被当作艺术品，是由于另外的原因，被人为划定的。杜威提出要绕道而行，从日常生活经验出发。他从日常生活经验中发现了他所谓的“一个经验”，即集中的、按照自身的规律而走向完美、事后也使人难忘的经验。他说，这种经验就是具有审美性质的经验，这与人在艺术作品中所获得的审美经验是非常接近的。与此相反，那些松弛散漫的经验不构成“一个经验”，也就不是审美经验①。

杜威认为，艺术作品的特点，就在于它能够提供经验。他的《艺术即经验》一书，直译应为“作为经验的艺术”。他认为，不进入人的经验之中，对象就不是艺术作品，而只是艺术产品。艺术作品是他考察的对象，而艺术产品不是他的考察对象。从另一角度说，他的考察的对象也不限于公认的艺术作品，而是一切能形成人的“一个经验”的对象。这样一来，他的理论具有这样一种可能性，即过去不被认为是艺术作品，却能提供“一个经验”的对象，也可以进入他的美学的考察视野。

在美国，实用主义美学与分析美学之间的斗争经过了两代人。分析美学在出现之初占据着上风。杜威美学由于三个原因而在 20 世纪的中叶失势：第一个原因是它的左翼色彩不适合麦卡锡时代的美国政治大气候，第二是它反思辨的色彩使它不适合受过严格训练的思辨哲学家们的胃口，第三是它没有针对当时吸引美学家和艺术史家们注意的先锋派艺术做出回应。也同样由于这三个原因，20 世纪末杜威美学在美国具有巨大的吸引力。第一，麦卡锡时代终于过去了。在知识界，一般说来是左翼思想占据着主导地位，知识分子中普遍流行着对从里根到布什和小布什政策的不满。第二，在哲学内部也出现了对纯思辨地做哲学的方式的不满，而美学恰恰在这方面扮演着先锋者的角色。第三，先锋派艺术本来就具有使艺术回到现实生活之中的倾向，但是，这种艺术却依赖于艺术界而存在，以至 20 世纪后期的新先锋派具有重回艺术体制的倾向。走出博物馆和沙龙的先锋派艺术最终又回到了艺术馆和画廊，并借助它们生存。反艺术的先锋派变成了只有借助艺术的名义才能有所作为的新先锋派。美学家们在仍保持这种艺术关注的同时，将注意力转向了通俗大众艺术。由于现代音像技术、网络等科技方面的进步，通俗大众艺术受到普遍的欢

① 有关杜威美学思想，请参见杜威《艺术即经验》（高建平译，商务印书馆 2005 年）一书，包括该书的译者前言。

迎。这种艺术不计较艺术的名分，却填补着精英和先锋的艺术所不能填补的广大的空间。杜威关于“绕道而行”、寻找连续性，从日常经验而不是从“公认的艺术品”出发的方法，为这方面的研究提供了理论的依据①。

四 重建美学与日常生活关系的当代理论背景

在20世纪中叶，在英美和一些北欧国家，美学上占据着主导地位的是分析美学。分析美学具有反康德体系的色彩，强调概念的分析，反对大体系，也反对美学中的心理学倾向。从这个意义上讲，这种美学对美学界走出康德体系曾经起过重要的作用。然而，分析美学的特点，恰恰是从“公认的艺术品”出发，这也正是杜威美学所反对的。分析美学家们将美学定义为元批评，即批评的批评。他们认为，对艺术作品的经验是第一层，所有对艺术进行欣赏的人，都有着这一层的经验；在这一层之上，建立起对艺术作品的批评，这种工作的从事者只局限于艺术批评家和艺术史研究者，这是第二层；在艺术批评之上，建立起对艺术批评所使用的概念、术语和范畴的分析，这才是哲学家或美学家应关注的对象，这是第三层，这一层可被称为艺术哲学。对于分析美学家来说，艺术哲学就是美学。对于什么样的作品应该是批评或评论的对象，分析美学家们并未做出规定。他们所做的事只是澄清概念，通过概念的分析将理论的争论建立在理性的基础之上。分析美学家绞尽脑汁要给艺术一个定义，而为达到这个目的，他们研究的对象还是那些“公认的艺术品”。分析美学家不担当裁判官的角色，认定某物是或者不是艺术品。对于他们来说，对象是给定的。他们的理论姿态是，既然人们都说它是艺术品，必定有它是艺术品的理由，于是，哲学分析的任务就是找出这种理由。分析美学家们也不将审

① 参见高建平等《实用与桥梁——访理查德·舒斯特曼》，载《哲学动态》2003年第9期。

美与艺术挂钩。他们认定，这两者之间的脱钩是历史发展的必然，美不是艺术品之所以成为艺术品的条件。因此，分析美学导致了一种美学上的间接性。作品美不美，世界美不美，都与这些美学家们无关。间接性使分析美学家脱离生活、实践、艺术和大众，也最终形成反弹，推动了美学向着感性和日常生活的回归。这是从20世纪90年代起出现的潮流。

中国的情况与西方不同。在中国，20世纪早期，在美学上占据着主导地位的是王国维、朱光潜，他们强调无利害的静观，艺术与美的结合的美学。20世纪中期，与西方分析美学兴起的同一时期，中国人接受的是苏联版本的马克思主义美学，强调艺术为政治服务，艺术对社会生活的干预。中国20世纪80年代的“美学热”，呈现出复归此前的美学与进一步研究和介绍西方思想结合的思潮。在那一时期，占据主导地位的具有权威性的思想，是建立“审美无利害”和“艺术自律”，真正打动中国人内心的仍是王国维、朱光潜和宗白华的美学。当时有众多西方美学家的著作被介绍到中国，但在美学界产生巨大影响的，是在康德影响下形成的鲁道夫·阿恩海姆和苏珊·朗格，而不是在西方正在流行的分析美学家们。当时形成的“实践美学”，具有以“实践”概念为核心，在理论上将康德思想、西方马克思主义，以及中国传统思想结合起来的特点，因而赢得了许多的欢迎者、拥护者和阐释者。但是，用这一学派的创始人的话说，由于这一概念在当时只解决审美的实践基础问题，对具体的艺术作品不进行介入性研究；对自然成为美的对象，只作“自然的人化”这个一般性的论述，而对自然成为人的审美的对象的具体过程，没有清晰的描述；同时，主张这一观念的人强调通过康德的视角来解读马克思，从而使马克思美学受到了康德化的改造，这样，“实践”概念本来所具有的挑战“审美无利害”和“艺术自律”的美学的潜力，没有能得到很好的发挥。

20世纪80年代，中国美学界进入了西方思想的全面引进的时期。80年代的中国，由于思想和文艺界走出“文化大革命”时期意识形态的影响，加之改革开放的要求，出现了空前的“美学热”。这是中国美学发展的黄金时代,那个时代积累下来的成果是中国美学的永久财富。“美学”这个学科在今天仍有一股强大的研究力量,与那一时期的“美学热”是分不开的。然而,给80年代的“美学热”提供思想资源的,主要还是西方在分析美学出现之前,从18世纪末到20世纪前期流行的,以“审美无利害”和“艺术自律”为代表的美学。

到了20世纪90年代,走出“审美无利害”和“艺术自律”,无论在西方还是在中国,都成为一个普遍的要求。在西方,日常生活审美化,是走出康德美学和分析美学后的美学。无论是英国的文化研究、德国的法兰克福学派,还是法国的社会学派,都对在美学界占据主流地位的分析美学提出了挑战。在严格的美学圈子里,即一直从事分析美学研究工作的人之中,从维特根斯坦的《哲学研究》一书中汲取营养,研究语言背后的生活,发展后分析美学,是主要的努力方向。而在美国,日常生活审美化则主要是从杜威的经验论美学汲取理论资源。

正如我们在前面所说的,从圣西门、傅立叶、罗斯金,到托尔斯泰、杜威,还有从马克思到当代的西方马克思主义者们,都强调一种艺术介入生活,使艺术为创造更好的社会服务的理论。这种理论在90年代,形成了一种美学转向,要求彻底改变“做美学的方式”。1995年芬兰的拉赫底国际美学大会,开始关注后现代美学与非西方美学接轨的可能①。1998年的卢布尔雅那国际美学大会,则提出要走出分析美学,用新的方式做美学。于是,日常生活的审美化的可能性,体育成为艺术的可能性被探讨,环境美学成为核心话题②。此后的东京会议突出亚洲美学,里约热内卢会议将拉丁美洲的美学展现在人们眼前。国际美学协会的一些重要会议,都引领美学上的新方向,而所有这些发展,都与走出“审美无利害”和“艺术自律”有关。

---

① 这次会议所提交的有关比较美学的论文,曾精选出20篇,出版在 *Dialogue and Universalism*, Vol. VII, No. 3-4/1997 之中,该书由拉赫底大会的主办者 Sonja Servomaa 主编。

② 这次会议的精选本出版在 *Filozofski Vestnik* (*Filozofski inštitut ZRC SAZU*, Ljubljana), 2/1999 之中,Aleš Erjavec 主编。

在中国，日常生活审美化具有不同的理论背景。第一，中国美学没有经过一个分析美学的阶段。目前正在流行的关于关键词的研究，部分起着为分析美学补课的作用。这种研究与日常生活审美化同时发生，而不是在它之前发生，也没有成为它的挑战对象。第二，中国美学告别了"文革"时代的工具论的时间还不久，老一辈学者对此记忆犹新、恐惧依旧。任何建立艺术与生活的联系的努力，都不能摆脱工具论的阴影。第三，更为重要的是，中国的日常生活审美化是在整个社会的大环境下，尤其是在市场经济的发展，贫富差别空前拉大的情况下出现的。在这种情况下，日常生活审美化的浪潮就很容易被引入一个与西方理论发展完全不同的方向，研究者将主要的注意力指向生活方式的改变，而不是对社会发展的理论批判之上。这时，诸如美感的本质就是快感，要以快感代替美感，美学要关注高档次的生活方式的观点就出现了。这种发展，是日常生活审美化的一个支流。

结语　艺术与文明

在《艺术即经验》的最后，杜威说，在分工和阶级分化的社会中，艺术是文明的美容院。在这种情况下，无论是艺术还是文明，都是不可靠的。杜威的话为我们提供了重要的启示。

艺术的未来会是什么样子？日常生活审美化是否意味着艺术的终结？这是当时学术界讨论的一个焦点问题。人们都说，艺术终结的观点来源于黑格尔，但实际上，"美学"概念和"美的艺术"体系，是在黑格尔所谓的艺术已经走完了它在古典时期的黄金时代，绝对精神已经转向哲学的时期，即 18 世纪末和 19 世纪，才发展起来的。正如前面所说，恰恰在资本主义生产方式发展、社会分工和商业文化兴起之时，"美学"概念和

"美的艺术"体系才得以形成和发展。因此,黑格尔和马克思心目中的"艺术终结"与今天的学者们所说的"艺术终结",指的不是一个意思。

由于社会分工使不同的人将自身活动的价值绝对化,科学技术迅速发展给人带来一种"科学万能"的思想,市场经济将一切价值都转化为交换价值,艺术变成了一个孤岛。在这种情况下,为了保护艺术自身的独立性,现代艺术体系,一个不同于日常生活的另一个世界,即艺术的世界出现了。当柏拉图说,艺术作品是"影子的影子"时,他只是从否定的角度来概括艺术。当夏尔·巴图将各门艺术都归结为"模仿"这个单一原理时,他则从肯定的角度,提出艺术从属于另一个世界。本来,艺术就存在于日常生活的世界之中。将艺术看成从属于另一个世界,形成艺术与生活的这种区分,归根结底是人们的社会分工,劳动与享受的分离的结果。随着这种社会状况的改变,艺术的生存环境也会改变。

艺术的未来是什么?显然是要打破这种分离。对于一些人来说,这时,艺术就"终结"了,但对于另一些人来说,这则是艺术的真正开始。杜威说,艺术曾经是文明的美容院,它会变成文明自身,说的就是这个意思。将人们在一个个孤岛式封闭的世界,在博物馆、沙龙、音乐厅和歌剧院,在高雅艺术中培养起来的审美能力运用到广大的日常生活世界的活动中,是艺术发展的一个前景。这就是说,艺术走出文明的美容院,来到生活之中。杜威设想,要寻找高雅艺术与通俗艺术经验、艺术与工艺经验、艺术与日常生活经验的连续性。其实,经验连续性的实现,还依赖于人的社会分工的状况本身得到改善。我们过去说,要缩小城乡、工农、脑力劳动和体力劳动之间的差别,这个理想没有过时也永远不会过时。他说,艺术的繁盛是文化性质的最后尺度。也许,更正确的说法是生活的艺术化程度是文明的最高的尺度。这种艺术化,在一种两极分化的社会里,是不可能完成的。当一边是穷苦的人在生存和温饱线上挣扎,一边是富人和新贵们穷奢极欲时,宣传生活的艺术化或审美化,很自然地会转向以快感代替美感,以庸俗代替崇高。人类追求公平正义,会给这种艺术化提供准备。

这种艺术“终结”，或者说艺术的真正开始，不过是艺术回到自身而已。

当下文学评论界正在兴起一种说法，即“无产者写作”。无产者写作，是指写无产者，为无产者而写，还是由无产者所写？这里面有着许多意义上的含糊不清之处。这种含糊，有时是刻意造成的，属于叙述手段而已，在理论上没有建设性。无产者写作可以获得一种政治上的正确性，从而获得一种号召力，但其中缺乏真实的内涵。比起这种无产者写作，使艺术成为生活改造的力量，才是一件更加重要得多的工作。杜威曾说过，许多对无产阶级艺术的讨论都偏离了要点。他指出，“艺术的材料应从不管什么样的所有的源泉中汲取营养，艺术的产品应为所有的人所接受，与它相比，艺术家个人的政治意图是微不足道的”。当然，杜威是否抓住了要点，我们可以继续思考，但毕竟，新的社会条件，应该给艺术带来新的生存环境，也应该使艺术具有新的可能性。

艺术终结了，艺术又新生了。这是第二次终结，也是第二次新生。这种艺术的新生，应该与马克思所说的“按照美的规律来建造”结合在一起[①]。艺术会走出象牙之塔，走出孤岛，走出分区化形成的鸽笼，走向大众。只有在这个意义上，日常生活审美化才成为历史的必然。

---

① 马克思《1844年经济学哲学手稿》，《马克思恩格斯全集》人民出版社1997年版，第42卷，第97页。

第四章　后文化研究时代的美学

20世纪90年代的中后期，中国曾经流行过“文化研究”，这一研究至今仍是一个巨大的存在。可能有人会觉得，文化研究者做文化研究，美学研究者做美学研究，本来可以互不干扰，井水不犯河水，各自在自己的学科内活动。当我们说“后文化研究时代的美学”之时，就把两者联系到了一起，好像两者之间有一种复杂的关系似的。它们之间是否有关系？如果有，这种关系又是怎么形成的？简而言之，作为一门学科，美学在中国曾经扮演过某种角色，这个角色后来被文化研究所取代，在重新恢复美学的地位的今天，美学又从文化研究中吸取了一些有价值的东西。

实际上，在中国，做美学研究的人与做文化研究的人差不多是同一个群体。两种研究之间有着竞争的关系，竞相赢得中国最具前沿性，最有创造活力的学者的注意。这种竞争关系的形成，与这两门学问各自在不同的历史时期所起的作用有关。学科化与非学科化的相互运动，在像美学和文化研究这样一些学科中，不断地发生着，时代对这种运动的结果作出选择。

一　美学与 80 年代

从 1966 年到 1976 年，中国曾经发生过一次“文化大革命”。“文化大革命”结束后，中国社会发生了迅速变化，实行了改革开放的政策，从此中国的经济走上了发展的快车道。这个描述大体上是正确的，但是，如果深入到历史细节，人们就会发现，情况要复杂得多。

如果有什么技术能进行语境还原，让人们一下子回到 20 世纪 70 年代末，人们就会感觉到，那时的广播、电视和报纸上所使用的语言非常奇怪。不仅是语言，那个时代人们的思维方式，论证问题的方式，都是怪怪的。意识形态与语言表达互为表里，语言表达的方式，是当时思维方式的表现。

那时的中国，是一个很封闭的社会。关于那一时代社会情况的直观图像，现在已经不常见到了。前不久有一位年轻的朋友送我一张光碟，是一部电影——安东尼奥尼的《中国》。尽管电影拍得沉闷，我还是充满好奇地看完。这部电影很真实地记录了当时的中国。从服装上看，男女都穿着清一色的蓝衣服，色彩单调。

中国人服装上的丰富色彩，要到 20 世纪 80 年代才慢慢出现。当我们看到色彩鲜丽的 80 年代电影时，就感到，那时一切都在改变。从外观上看是这样，从思想和心灵上讲，就更是如此。从一个封闭的中国，走向一个开放的中国，这是一个漫长的过程。在这一过程中，美学和文学艺术的工作者们做了很多的事。我们今天都用这样几个关键词来描述这一段变化："实践是检验真理的唯一标准"的讨论，十一届三中全会，以经济建设为中心的政策的确立。当然，这一切都很重要。但是，如果细读历史，人们就会发现，在"实践标准"讨论之前，美学和文学艺术领域就已经行动了起来。文学常常走在时代的前面，诗歌总是第一朵报春花。

中国的美学和文学的变革，借助了这样一个契机：《诗刊》1978 年第 1 期，发表了毛泽东给陈毅的一封信，谈写诗的问题。这封信同时也刊登在 1977 年 12 月 31 日的《人民日报》上。信的缘起是这样的：陈毅很喜欢写诗，对毛主席的诗也很崇拜，于是就把自己写的诗送给毛主席，请他改。毛主席回信的大意是：你让我改诗，我只改了一首，还不尽如人意。写诗是需要形象思维的，要用比兴手法。白话写诗不成功，将来的诗可能会从民歌中吸取养料。信很短，文字也很随意。陈毅与毛泽东从井冈山开始就在一起共事，私人通信远不止这一封。何况，这是一封旧信，写于 1965 年。等到 1978 年发表时，当事人都已逝去。然而，恰恰是这封信，在文艺界引起了极大的震动。在这封信发表不到三个月的时间里，朱光潜、李泽厚、蔡仪均发表了三篇文章，他们都抓住了形象思维这个词，发挥对这个词的理解。至于资料集一类的书，就更是大量涌现。1978 年 2 月，复旦大学教师们集体完成了《形象思维问题参考资料》的编辑工作，并在三个月后出版。很快，全国各地许多大学的文学理论老师们都行动起来，编辑出版了各种类型的资料集。在这些资料集中，质量最高、影响最大的一本，是中国社会科学院编的近 50 万字的巨著《外国理论家、作家论形象思维》。钱锺书、杨绛、柳鸣九、刘若端、叶水夫、杨汉池、吴元迈等许多当时中国社会科学院的重要学者都参与其事。

在当时,从事美学、文学、艺术研究的学者们一下子找到了一个兴奋点。这也是一个理论上的着力点,就像拿起重物所需要的一个抓手。形象思维在当时所起的作用,正是像理论上的抓手一样,抓住了它,推倒"文革"时代的文学理论,就用得上劲了。"美学热"就是从它开始的。形象思维的讨论早于真理标准的讨论,真理标准的讨论在 1978 年的年中才开始,而十一届三中全会则是 1978 年年底才召开。真理标准的讨论,是用生活实践的观点来打破当时盛行的理论上的教条主义,因此,它是从理论的消解开始的。当全国人民都被发烧的理论热昏了头的时候,生活实践的观点,可以帮助他们解开理论枷锁,睁眼看世界,处理最紧迫的生活实践问题。与此相反,从形象思维开始的"美学热",是从理论的批判和建构开始,相比之下更具有理论的品格。

这里我想作一个词义辨析。有人说,从 20 世纪后半叶以来,中国有过三次"美学热"。这三次美学的热潮,分别具有不同的时代特点和社会语境。第一次是 20 世纪的 50 至 60 年代前期,一般称为"美学大讨论",主要的目的是在中国建立马克思主义的美学。这一讨论的发展趋势是从"美的本质"到"形象思维"。通过"美的本质"的讨论,研究者将美学建立在"辩证唯物主义"和"历史唯物主义"的哲学基础上;通过"形象思维"的讨论,研究者将美学讨论引向艺术思维的独特特征的研究。第二次美学的热潮,是 70 年代末到 80 年代,一般被称为"美学热"。这一时期美学的发展趋势,是从"形象思维"到"美的本质"。通过"形象思维"的讨论,美学走出"文革"的文艺理论体系;通过"美的本质"的讨论,中国美学开始与西方美学接轨。第三次美学热潮,则是从 21 世纪之初开始的,我愿将之称为"美学的复兴"。通过"复兴",中国美学与西方美学的对话关系形成。

"美学热"对于在"文革"之后的意识形态重建,起到了重要的作用。五六十年代出现过"美学大讨论",形成了许多现成的理论话语。到了 80 年代,这些话语就成了新的理论建构的出发点。

“美学热”还是思想理论界对外开放的一个起点。李泽厚主持了一套“美学译丛”。与此同时或稍后,还出现了其他一些译丛,国外的美学和其他人文社会科学著作被翻译、出版。

当时的这些译丛,打破了自“文革”以前就有的一个理论翻译禁区。过去,外国人文社会科学理论书籍的翻译出版,以商务印书馆为主。商务印书馆有一个“汉译名著”丛书,最初的时候,商务印书馆只从马克思主义的三个来源来圈定选题。“三个来源”是指法国的空想社会主义、英国的古典政治经济学和德国的古典哲学。这意味着只能翻译出版马克思主义形成以前的西方人文社会科学著作。

马克思主义的经典作家出现以后的西方其他流派的人文社会科学著作对我们有没有参考意义?自从出现了马克思主义以后,西方不属于马克思主义线索的人文社会科学是不是就不再有价值?这些著作是否还有新的创见,能否给我们以启发?是否用马克思主义的立场、观点和方法来对它们进行批判的吸收?这些观点在今天已不成为问题,但在当时,人们受思维惯性的影响,做起事来还疑虑重重。20 世纪 80 年代兴起了这样一种热潮:干起来再说!不争论,让事实说话。这是一个好办法。于是,“美学译丛”出版了,国外的许多思想进来了,思想理论界活跃起来了。

“美学热”在这方面的带动作用不可低估。从“美学译丛”,到“哲学译丛”,再到社会学、历史学、经济学等众多学科的译丛,中国学术界有了新的思想方法,有了新的语汇,有了与世界接轨的意愿和氛围,从此出现了崭新的面貌。

在这一时期,美学在走向一种跨学科的研究。美学研究者们都是批判“文革”的急先锋,而批判“文革”当然是当时最大的跨学科的任务。意在使中国走出“文革”意识形态的“美学热”,是一场以文学和艺术为中心,又超越文学艺术的多学科的运动。

在这一时期,美学研究者们也试图进行学科建设,引入国外经过多年发展、已经较为成熟的美学观念,从而在中国确立美学学科,努力建构中国美学的体系，并进行中国美学史的写作。在80年代，特别是在80年代的前半期，这种工作与美学发挥社会效应是结合在一起的，是同一种活动所具有的双重效应。美学研究者致力于学科的建构，这一工作同时起着社会文化批判，特别是“文革”意识形态批判的作用。许多并不从事美学专业研究的青年学子，甚至许多自己的研究领域与人文社会科学无关的学者，都对美学感兴趣。如果今天我们到50岁以上的一些科学家、工程师家里去看看，他们的书架上也许照样能看到李泽厚的《美的历程》、朱光潜的《谈美书简》、宗白华的《美学散步》等当时流行的美学著作。在当时，“美学热”是全社会性的，美学所讨论的话题，受到全社会的关注。

20世纪80年代的许多争论，在今天看来，理论上可能显得幼稚，但在当时非常重要。例如，关于人道主义和人性异化的讨论，关于科学方法论的讨论等。今天，有人觉得那时的讨论思想简单、不科学，因而不值得回顾。与这些同行相比，我倒有兴趣常回头看看。其实，今天看上去很幼稚的一些观点和提法，如果联系当时的语境来思考，就会发现其重要的意义。

80年代是一个变革的时代，思想解放的时代，一个充满着新思想、新方法的时代。在一次会议上，我听到一位学者作出这样的发问：我们是不是要像怀念五四精神一样去怀念80年代精神？这个发问给我留下了很深的印象，我想，我会给出一个肯定的回答。

80年代是一个承前启后的时代。没有80年代，此后的一切都会是另外一个样子。到了90年代，情况就有了很大的变化。80年代所具有的“新启蒙”精神，那种充满青春气息，充满创造性，要冲破一切思想牢笼的气势，在90年代就淡去了。

今天，我们发现很多研究现当代文学的人，都在研究“思想史”。许多研究哲学的人，都在研究一种被称作“国学”的东西。这背后有一个语境，就是80年代浮躁的学风。80年代是一个充满激情、充满想象、充满创造的年代，但也是一个浮躁的年代。短短的十年，西方一百年间出现的各种思想和文学方法,中国人都要尝试一遍。人们追求着西方最新的东西,不断地宣布什么东西过时了。记得在 80 年代末时,就有一位学者带着嘲讽的口气对我描述过这种情况:一段时间里,有些人说最时髦的是萨特。这时,萨特的书还没有译成中文。等到萨特的书译成中文并在中国出版时,他们就说,萨特已经过时了,现在时髦的是海德格尔;等到海德格尔的书译成中文时,他们又认为海德格尔已经过时,新的时髦人物又出现了。当时,人们动不动就宣布某某过时,“学界时有新人出,各领风骚三五天”。这是 80 年代学风不好的一面。

二　文化研究的兴起

20 世纪 80 年代以后,就迎来了 90 年代。如果没有对这两个年代的深入了解,人们很可能会感到这句话等于什么也没有说。80 年代后不就是 90 年代吗? 但我想说的是,80 年代的理想主义,那种“让思想冲破牢笼”的精神,那种勇于学习、勇于实践的学术气氛,造就了一种“新启蒙”的话语。到了 90 年代,学术气氛为之一变,来到了一个“后启蒙”时代。这是一种对启蒙的反思。从 90 年代的观点看,80 年代是一个浮躁的时代:有想象,有激情,就是没有规范。在学术上,有想法,但不专业;在美学中,新东西进来了,但消化不良。

90 年代出现了一种对 80 年代的激烈的反拨。这种反拨,首先表现为强烈的学科化的追求。在 80 年代,美学在学科建设与社会政治批判的相互促进中得到了大发展,而到了 90 年代,美学呈现出放弃社会政治批判以实现学科的纯粹化。然而,这种纯粹化是以该学科退出公众视野,并且,由于中国学术与媒体特有的亲缘关系,导致美学这一学科实际上的消退为代价的。

90年代初的学术界，学科化得到空前的发展，这种发展与现代学术制度的恢复、建立和逐步完善联系在一起。一方面，在大学里，美学作为一个学科得到建立，美学成为大学的选修课，甚至是必修课，要求哲学系、文学系、艺术系，以至外语系的学生都要修这门课。教育部对学生的要求，也从德、智、体三项变为德、智、体、美四项。于是，电视大学、自学考试，以及大学专科学生的课程表上，都列上美学课。怎样普及美学课，使它规范化，写出更多的适应不同层次学生的美学教材，成为许多教学研究者的任务。为了给这些不同层次的学生教美学课，国家又培养了大批的美学教师。从这个意义上讲，当我讲90年代美学的萧条和衰退时，许多大学教师都不能赞同。他们可以用教师和学生的人数这一简单的事实，驳斥我的描述。

然而，美学上的创新能力的消退，毕竟是不争的事实。美学文章新意不多，美学会议上只是在重复老旧的话题。除了中国美学史，其他的一些新文章，似乎很难为这个学科积累新的知识。90年代初，又恰恰是“文革”后上大学的一代年轻学者逐渐走上学术的前台的时期。如果说，在80年代初的“美学热”中，起主导作用的是像朱光潜、宗白华、蔡仪等三四十年代就开始发表文章的老一代美学家，以及像李泽厚这样一些五六十年代开始发表文章的中年一代美学家的话，那么到了90年代，“文革”后受教育的一代年轻学者开始登上了学术前台。他们当然也可以继续前一代人的争论，但那些争论一下子也很难有新的突破；同时，所争论的话题，离艺术的实际似乎很遥远。形象思维早已被李泽厚宣布不是思维了，美的本质与艺术的创作和欣赏又很难挂钩。寻找新的话题，就显得很重要，年轻一代的研究者为此而焦虑。

90年代初，“新启蒙”的话语成为过去。美学变得日益学科化，不再起到公共论坛的作用。对于社会、政治，以及思想文化界在当时普遍关心的话题，美学不再能跟上。中国的美学有着与欧美不同的特点，它与媒体一直有着一种亲缘关系。当离开媒体而只是成为学校里的一门课程之时,美学就逐渐丧失了活力。与此相反,在这一时期,一种泛文化研究吸引了年轻一代研究者的注意。这种研究,与从西方引进一些学术成果有关,如英国的伯明翰"文化研究"派,德国的法兰克福学派的文化批判,法国的艺术社会学研究等。这些研究成果逐渐被翻译成中文,在中国的特定语境中,出现了一些积极的探索。当然,文化研究最热的时候也比不上80年代的美学热。朱光潜的《谈美书简》第一版一次就印了20万册,李泽厚的《美的历程》也印了几十万册。90年代的文化研究尽管比不上80年代的"美学热",在当时也仍是很受欢迎的。当美学不再起到公共论坛的作用的时候,文化研究将这种作用承担了起来。我说的公共论坛具有一种跨学科的特点。它对当下的种种问题,用一种学术的语言来进行回应。

文化研究和美学的不同之处就在于,文化研究没有像美学一样扮演"新启蒙"的精英文化的角色。当然,"启蒙"一词的运用,有其独特的语境。启蒙的目的本来是法国启蒙运动中一些文化精英要普及各个学科的知识,唤醒民众。80年代的中国文化,的确有着"新启蒙"的特征,有着精英文化的倾向。将之称为"新启蒙",不仅仅由于其与欧洲的启蒙运动相比内容较新,还是由于与中国的五四运动相比,它还具有对民众进行新一轮启蒙的特点。中国社会需要走出"文革"。当时有一个口号:走出中世纪。这个提法是不准确的,"文革"不是中世纪。但是,当时许多知识分子都这么想。当时,从某种意义上讲,这种口号也有一定真实的内容。新启蒙起到了走出蒙昧的作用。到了90年代,文化研究不再扮演这样一个角色,也不再具有一种文化精英主义的色彩。文化研究关注的更多是社会的各个方面,包括各种亚文化群体的研究,关注下层社会,关注艺术和生活的关系。比方说英国的雷蒙·威廉斯关心工人的文化权力,实际上是把原属于知识界或者是上层社会的东西扩展到全社会。这种情况下出现的文化研究就有着一种与美学研究相对立的含义,是反美学的。这里所谓"反美学",反对的是康德式的,自律的、独立的、封闭的,为艺术而艺术的倾向。其实美学从根源上讲,就有这样一种色彩。它从康德开始,并与后来席卷欧洲的浪漫主义联系在一起。西方美学一般被认为是从古希腊开始的,但美学作为一个现代意义上的学科,而不是古希腊那种美和艺术的只言片语,则是从18世纪中叶才开始的。从18世纪初夏夫茨伯里提出审美无利害,维柯提出神话思维,到18世纪中叶鲍姆加登提出"美学"概念,夏尔·巴图提出"美的艺术"的概念,直到康德对此前的各种思想因素进行综合,作为一个现代学科的"美学"才形成。而在中国,美学的引入和建构则从20世纪才开始。最早,王国维将他在日本学到的一些美学知识介绍到国内,并利用康德和叔本华的美学对中国古代诗词、戏曲和小说作研究,然后蔡元培倡导美育,宗白华进行中西艺术比较,朱光潜把当时流行的各种西方理论编入一个体系,并结合中国的例子进行研究,此后这个学科在中国才慢慢形成。这些美学基本上从属于康德线索,强调审美无功利。

朱光潜曾经给予这种美学一个最简明的描述。我们看一棵古松,有三种态度:科学家的态度,商人的态度和画家的态度。科学家的态度是看这个松树属于哪个纲,哪个目;木材商人的态度是看这棵松树的材质怎样;画家的态度是看这棵松树形态怎么样。在这三种态度中,只有画家的态度才是无功利的。无功利不等于观看不认真,相反,正因为无功利,才抛弃了其他方面的考虑,而专注于对象本身。有其舍,就有其取。舍弃了种种复杂的知识论的、伦理学的,乃至日常生活的功利考虑,人的注意力集中到了形与色等纯粹的视觉要素之上。就像盲人听觉更灵敏,聋哑人视觉更敏锐一样,由于不作知识性和功能性的联想,一棵古松的审美要素得到了突出。

康德美学的这一立场,尽管自它形成时起就受到很多人的批判,但它却在经过种种修正以后被保存下来,成为在很长的一段时间里最具影响力的美学主流。20世纪的许多重要美学家,如爱德华·布洛、克莱夫·贝尔、苏珊·朗格、鲁道夫·阿恩海姆等人思想的背后都有着康德美学的影子。

康德美学在中国也有着自己的发展历程。80年代的中国，自40年代后期以来宗白华、朱光潜的思想受到了普遍的欢迎。朱光潜提出三种态度说，宗白华翻译康德的《判断力批判》，并且作中西美学和美术比较，都深受康德美学影响。

康德美学的另一位在中国的重要代表是李泽厚。李泽厚曾说如果让他在康德和黑格尔之间选一个的话，他宁愿选康德而不选黑格尔。2001年在日本东京召开第十五届世界美学大会，有一位夏威夷大学来的代表讲李泽厚美学，说李泽厚是用马克思修正了康德。我说，也许正相反，李泽厚用康德修正马克思，至少从美学上讲，这种说法是能够成立的。20世纪50年代的李泽厚美学是马克思主义的，它除了受马克思、恩格斯著作的影响之外，还受到普列汉诺夫艺术思想的深厚影响。到了80年代，李泽厚美学受到皮亚杰、阿恩海姆、贝尔、朗格以及荣格的影响，但更为根本的，是受到康德的影响。康德美学使李泽厚的美学体系得到了更新和完整化。

文化研究正是在反对康德式的审美无功利，反对90年代出现的美学学科化，反对美学中的精英主义的倾向中出现的。90年代可以说是一个美学研究很冷清的时代。正像前面所说，我们不能说这一时期没有美学。一方面在教育层面，美学进一步普及，学习美学的人数还在继续扩大；另一方面是没有新话题，没有新的学术进展。当然，在这一时期，还有一些刊物在继续刊登关于美学的文章，还在继续讨论实践美学和后实践美学之争的问题，还在讨论审美文化的问题，试图把文化研究和审美结合。在中国古典美学方面，这一时期的研究还有着长足的进步。但是，从总体上讲，美学不再是一个吸引全社会特别是青年人注意的学科。

在这一时期，社会文化的公共论坛的角色，交由“文化研究”来扮演。在一段时间里，文化研究成为显学。在此带动下，从事美学、文学和艺术研究的人，开始走出自己的边界，寻找新的领域。

这种跨界的现象，在文学研究者中表现得特别明显。从事文学史研究的人转向思想史的研究；从事文学理论研究的人转向人类学、心理学、社会学、政治学研究；同样，从事美学研究的人也走出了美学，转向众多的其他学科。当今的学界甚至其他领域的许多名人，都是从研究美学起步的。从个人角度来看，通过跨界、越界以寻找新的出路，当然没有什么不可以。每个人都走自己的路，自己对自己负责。并且，对个人的越界选择，也很难寻找具有普遍规律性的东西，从而无法进行学术研究。然而，从学科的层面看，我们还是可以看出一些大趋势："美学热"过去了，"文化研究"来了，这是时代的选择。

我曾经写过这样一篇文章，其中这样说：文学研究要跨界，可以出界，但是还要回来。一个不可以走出走进的常居地是牢，可以自由地走进走出的常居地是家。如果那个常居地没有了，你就无家可归了。这个比喻可以帮助我们说清楚这样一个问题：公共知识论坛是否需要学科归宿？现代性带来的"学科"划分，对于我们从事人文学研究的人来说，永远处于两难之中。

我在国外留学时，通过一个中国留学生交往圈子认识了一些学习理工科的人。对于我来说，那是一个难得的经历。回国后，与本专业以外的人交往就很少了，所认识的学界朋友，绝大多数都是美学和文学研究者。在国外的中国留学生，绝大多数都是在从事一个很专业的领域的研究。比方说，有人研究包装业，研究怎样用硬板纸包装牛奶，做到厚度正好，牛奶不渗透出来，可以保鲜一段时间，打开方便，可以回收；有人研究人造金刚石薄膜，将这种薄膜在不需要太高的温度的情况下，涂在轴承的关键部位，可极大地增加轴承的耐磨度；还有人研究人造陶瓷，制造出既轻巧又耐磨，还能耐高温高压，可以用来做从航天飞机的防护罩到人的假牙套等各种材料；如此等等。我常和他们聊天，听了以后大开眼界，觉得科技发展，指的就应该是他们那些研究的发展。各门具体的科学技术的研究发展了，社会就从整体上获得进步。经济上的 GDP，是通过科学技术向生产转化而实现的。近年来,中国经济发展很快,有技术的自主创新的因素,但主要还是依靠引进现有技术并加以消化,使经济发展产业化。经济的发展,归根结底还得依赖于科学技术的发展,依赖于一项又一项的发明创造,这是经济发展的最根本的动力。

与理工科朋友的交往,使我意识到学科划分的重要。学科的形成和发展,是人类分工的延长,而分工是人类社会发展的推动力。在前现代社会,人类通过狩猎与采集的分工,畜牧业与农业的分工,各门手工业的出现和专门化技术的形成,推动了经济社会的发展。在家庭内部,也有着性别和年龄决定的分工。更进一步,还有专门从事精神生产的宗教、哲学、艺术人士与农民、工匠,以及军人之间的分工。比起这些前现代的自然分工,现代社会以分工的专门化、各门学科的形成、各种专门研究的分支的发展为标志。今天,常常有人把一些现代学科的历史推到很久远的过去,其实,学科的形成是现代社会形成期,大学和专门研究机构出现之时才有的一种社会现象。

然而,分工的高度发展、专门化和学科化具有两面性。一方面,专门化将人们局限于某一学科之上,从而有利于专门知识的生产;另一方面,专门化使人们的视野狭小,只关注本学科内的进展,只进行一种"鸽笼式"的研究。因此,学科专门化和打破专门化永远是一对矛盾。有时打破学科的局限是必要的,可以对你的思维模式来一次更新,使你接受很多新的知识。但是,是否还需要进行学科划分?学科在被打破之后还要不要重建?这个问题会不断被人们提出来。

三　日常生活审美化

18 世纪时美学作为一个现代学科才在欧洲形成。18 世纪的欧洲形成了现代艺术体系。文学和艺术都是在18世纪以前，在古希腊罗马，甚至在更早的时候就有的。莎士比亚的时代，由于没有现代艺术体系，自然就没有作为这个体系的一个组成部分的文学。在当时，作为艺术的一个门类的文学还不存在。因此，莎士比亚所写的东西，还没有被称为文学。但是，你能说莎士比亚写的不是文学吗？这个问题当然会引起争论。文学是一个分支概念，是一个小概念；艺术是一个大概念，包括文学在内。于是，先有文学还是先有艺术，就是一个具有学术生长点的题目，可供我们思考，可以争论下去。我在这里提出这个话题，只是想说明，现代性在改变着一切，现代学科体系的建构在改变着一切。18世纪时，法国人夏尔·巴图提出了“美的艺术”的概念。从此，现代艺术体系建构了起来。他的观点迅速被百科全书派接受，成为学科划分的根据。今天，我们认为诗歌、绘画、雕塑、音乐、舞蹈、戏剧等从属于艺术，是艺术这个大类之下的一些具体门类。我们觉得这都是很自然的事情，其实，这都是18世纪以后才出现的。建构现代的艺术体系，致力于把“美的艺术”与各种工艺区分开来，并由此影响了文学，将文学与艺术连在一起，将文学看成语言的艺术作品。

文学与语言行为、书写行为，本来有着千丝万缕的联系。书写行为包括记事、日记、笔记、书信，包括政府行政机构运作的各种文牍，包括诗歌、戏剧，以及各种各样的宗教、哲学、历史类的文字。这是一个巨大的文字世界。将其中一部分说成作为一个艺术门类的文学，而其他的则不是，是18世纪以后的人按照现代艺术观念所做的区分。现代艺术观念的形成意义重大。从此以后，艺术就成了可以专门来做研究的对象，艺术家就被看成与普通人不同的人，人们可以对艺术家从生活道路到创作个性，再到作品的思想内容进行研究。

莎上比亚写的是文学吗？我们好像不可以怀疑，莎士比亚的作品怎么不是文学呢？英国文学的伟大传统，从乔叟开始到莎士比亚，一直延续到现代，我们可以写出一部完整的文学史。这部文学史中所有论述到的作家作品的文学性,都是不容置疑的。但是,莎士比亚在他自己的时代,被当作一位文学家来对待了吗?没有。我们对莎士比亚的传记了解得非常少,他只是一位在剧院专职写剧本的人,他在文学史上的地位是后来才建立起来的。这与中国的曹雪芹很相似。

既然我们所说的种种现代美学的基本要素,如审美无功利、艺术自律等等,都是在欧洲18世纪才得到强调的,而到了20世纪才传入中国。那么,"艺术终结"的说法,就好理解了。

一提到"艺术终结",可能就会有人觉得大逆不道。艺术能终结吗?我们能够想象来到没有艺术的世界之中吗?这里面有很多的误解。根据艺术终结的观点,也有一些学者提出了"文学终结"的命题。这些命题无论在国外还是在国内,都引起了很多的争论。正如前面所说,现代艺术观念和现代艺术体系形成以后,艺术和文学的存在方式发生了深刻的变化。由于这种变化,人们开始用新的眼光来看待艺术和文学,也开始用新的方式进行着艺术与文学的运作。万物有生就有死。一种从18世纪开始的对待艺术和文学的方式,在19世纪就不断有人质疑,到了20世纪后期,出现了强烈的反对声音。"艺术终结"说,就是这种种反对声音中的一种。我倾向于认为,"艺术终结"是一种夸大其词的说法,而非一种平实的理论描述。这是用一种夸张的姿态对艺术现状的挑战,说得刺激一点,可以引起更多人的重视,使之成为一个话题,这是一种叙述策略。

我们曾经有精英艺术与民间艺术的分离,有精英艺术与通俗大众艺术的种种区分,这一切都是在构建现代艺术体系的过程中出现的。艺术本来都是民间的,将其中的一部分分离出来,形成精英艺术,与社会向现代转型有关。

现代艺术观念形成了一种艺术制度,从而将精英艺术建构起来。到了20世纪后半叶,这种状况出现了变化。为什么通俗的大众的艺术不能更受到重视?为什么它们不能受到一些文学艺术评论家的评述?这些问题被理论家们提了出来。当然,这本来也是老问题,而不是新问题。在中国，我们的文联也有曲艺家协会，这在西方可能吗？对于西方人来说不是精英艺术的东西，在中国也能进入大雅之堂。这是一个复杂的历史过程，在西方与在中国，各有其特殊性，但这种特殊性不排斥一种共同的发展趋势。

依靠意识形态的力量对通俗大众艺术的扶植，与当代通过市场的力量对通俗大众艺术的推动，还不完全是一回事。前者是将通俗大众艺术放到精英艺术的位置之上，甚至通过它们来对精英艺术进行改造；后者是用通俗大众艺术挤占精英艺术的位置，并根本改变艺术观念。精英艺术是随着现代资本主义社会的兴起而发展起来的，却又随着资本主义进一步的发展而被打破。市场的发展，科学技术、特别是信息技术的发展，使艺术出现了新的处境，在这时，那种纯而又纯的艺术观念显得过时。

我们过去常常觉得艺术和生活是两个世界。当我们说，艺术反映生活之时，我们是把艺术放在了生活之外。一物模仿另一物，有两个条件，一是此物像彼物，二是此物与彼物不一样。如果此物与彼物一样的话，那么，就不再是模仿，而是再造了。因此，一张床不是对另一张床的模仿，而是再造；一张关于床的画，才是一张床的模仿。这样一来，我们就有了两个世界，即生活的世界和艺术的世界。被模仿的床处于生活的世界之中，而关于床的画，就处于艺术的世界之中。这种艺术观念的结果是，艺术与生活被完全分开了。人们习以为常地认为，艺术家是一种独特的人：如果他是一位画家，似乎他就必须留长头发，或者光头也行，就不能像普通人那样留半长的头发；如果他是一位演员，一露面就得有演员的样子，从穿衣到走路，都应该与常人不一样；如果他是一位作家，他所接触的所有的人，都有可能成为他的素材，于是，作家与他在一起时，可得小心一点，别被写进书里去。艺术家有不同于常人的私生活，艺术家的怪异行为都是可以原谅的，因为艺术家是一种不同的人。海涅说，上帝把诗人当成小孩子，让他坐在上帝的旁边，给他糖果吃。诗人和艺术家就成了一个现代神话。

20世纪后期的研究则越来越趋向于打破这种神话。研究者们致力于证明艺术家同从事其他职业的人是一样的，只是做着不一样的事情。在我们的生活中，人人都有几分艺术才能。有人会画几笔画，有人会写几句诗，也有人文笔很漂亮。当然，更可能的是，许多人都能唱几句，特别是到了卡拉OK厅，唱得都像模像样。我们周围许多人与艺术家之间的区别，也就只是水平、程度的差别，甚至只是知名度的差别而已，并没有本质上的差别。

凭什么艺术家就是另外一种人？这不是一个简单的问题，这是社会的很多因素决定的。你想当个艺术家吗？你必须接受专业训练，必须到艺术学院去；或者参加歌手大奖赛，去争一个奖，走过星光大道，成为一颗星；参加超女超男比赛，证明自己的过人之处。你要爬过一整套的阶梯，才能"出道"，专门从事这个行业。也许真正在这个行业的人的艺术天赋并不那么突出，但他走过了这样一些路，艺术体制容纳他了，他就有了一席地位了。我们经常看到一些歌唱家唱得不行，而我们身边却有一些有艺术天赋的人，唱得一点也不比那些当红歌星差。当然，社会在发展，今天的艺术体制和以前很不一样了。随着经济社会的发展，新科学技术和新媒体带来的各种各样的变化，艺术运营方式的改变，给很多有艺术天赋的人创造了空间和道路。社会的发展冲击着艺术和生活的关系，人们再也不像过去那样把二者理解成两个不同的世界了。由此，关于艺术家的神话，也随之发生改变。这是我说的第二点。

第三点，对于现代艺术的观念来说，日常生活审美化的理论，是克服这种观念，对艺术持一种更加开放、更加宽容的态度。当然，"什么是艺术"，这永远是一个既可能无谓而可笑，也可能充满理论活力的话题。因为这里面有很多真实的内容，每一个为艺术下定义的人都是为了支持某种形式的艺术。他都是想修改艺术概念，从而使某些原本不是艺术的事物或行为被认可为艺术。实际上，日常生活审美化理论的研究也是对现代艺术持一种开放的态度。有些现代艺术有意识地要打破传统的艺术与生活之间的界限，以及专门受过艺术训练的人和没有受过训练的普通人之间的一些界限。例如，先锋艺术家就试图把艺术与生活放在一起，以尝试某种视觉可能性，这是有意义的。同时，这也是很困难的事情，会造成鱼龙混杂、虚张声势和纯粹的胡闹。但是，与一些对此一概排斥的人相比，我还是愿意持一种同情、研究、分析的态度。

日常生活审美化的理论被介绍到中国后，曾引起轩然大波，出现了激烈的争论。这是一个专门的问题，需要进行专门讨论。在这里，我只能说，一个物品、一个事实、一种做法的意义是跟语境有关的，不同的语境会产生完全不同的意义。

例如，我们总是喜欢说"左"与"右"。"左"是主张社会正义、公平，同情下层人民，更倾向于民主，更关注少数族群和各种下层、社会亚文化群体的权益，关注社会公正，扩大税收和政府开支，改善医疗和教育，提高社会福利。"右"则代表一种传统的上层的、资本家的利益，强调自由经济，减少税收和政治开支，减少政府在医疗、教育和一些社会福利方面的负担，等等。一般说来，西方绝大多数知识分子都倾向于"左"，主张通过政府的作为，克服市场经济带来的种种弊端。

当代中国关于"左"与"右"的区分，是在"文革"后的特定语境中形成的。从 20 世纪 70 年代末开始，中国人从生活到思想，都处在一个走出"文革"的大过程之中。于是，要思想解放，要引进市场经济，让一部分人先富起来，允许外商来投资，促进民营经济的发展，保护个人财产，等等。"左"是保守、教条、僵死，思想停留在"文革"阶段，改革迈不开步子；"右"是大胆探索，克服思想中的种种条条框框，让实际的经济成果来说话。因此，中国的"左"与"右"同西方的"左"和"右"是两个不同的概念。不辨清这种区分，把什么都搅在一起，在中国就会把"日常生活审美化"这个在西方是"左"的、挑战精英艺术的、关注普通人的审美和艺术权利的观念，变成了"右"的、为经济上成功人士进行高档生活享受而辩护、甚至炫富的观念。

这里面有一个话语上的错位。这种错位当然不是正好相反，而是由于不同历史文化背景形成的复杂的交叉。这是说，我们不能把西方的“左”叫作我们的“右”，把他们的“右”叫作我们的“左”，而应该依照各自的背景来理解。20世纪80年代在中国呈现出积极进取面貌的“右”，到了世纪之交时，其弊端就越来越清楚地暴露出来。

关于这方面的问题，我们没有时间详谈。我想举房地产楼盘的名称作为一个例子说明我们今天的一些情况。我家附近有一个小区，名字叫“新贵社区”。第一次散步到那儿，我吃了一惊。在我年轻时，“新贵”是一句骂人的话，等于暴发户。那时，读了一些狄更斯、巴尔扎克的小说，其中充满着对满身铜臭的“新贵”们的鄙视。我不知道起这个名字的人是真不懂还是假不懂，居然以“新贵”为荣，以新贵来招徕住户。至于那些以“名门”“豪宅”自居，用上“康桥”“左岸”一类名称的，就更多了。有一个房地产广告，自称“开始脱离群众”。住在一个服务好、保安好、“人不杂”、“一般人进不来”、不是拆迁户的小区，这似乎是人们一个习惯的选择。

社会现在弥漫着一种强烈的拜金主义浪潮。对这种拜金主义进行批判，是一种政治选择，也是一种美学选择。在艺术趣味上，也分“左”和“右”。在国外，右翼坚持一种精英主义。如果你有机会到法国巴黎，不去卢浮宫是不行的，那里有人类几千年积淀下来的艺术精华，谁都应该去，谁都应该珍惜。但如果说，只有卢浮宫里的艺术才是真正的艺术，其他的都不是，那就是右翼的艺术观。与此相反，左翼的艺术家努力挑战既定的艺术概念。这种挑战包括两个方面，一是引入先锋派艺术，二是日常生活审美化。日常生活审美化本来应该代表社会下层人的趣味，代表工人的审美权利。关于日常生活审美化的源流，我可能没有时间细讲了。杜威美学在涉及艺术与生活的关系时，曾用最简单的话说寻找三个连续性，即艺术与非艺术、高雅艺术与通俗艺术、艺术与工艺之间的连续性。这是杜威在1934年出版的《艺术即经验》一书中提出来的。从这个意义上说,日常生活审美化不是哪一个人提出来的,实际上是20世纪诸种反康德话语汇集而成的一个大潮流。18世纪艺术观念的发展形成现代艺术体系,形成了封闭的、独立的、自律的艺术概念。现在把艺术与生活重新连接在一起,是一种否定之否定,也是一种复归。杜威有一句名言:要理解艺术的本质,应该绕道而行,应该从生活出发,而不是从公认的艺术作品出发。艺术不是某种封闭不变的专门的东西,它是在生活中出现、生活中到处都有,处处都被使用着的东西。人们之间的交流就有艺术的因素,艺术是无所不在的,是生活的一部分。当我们说话追求字正腔圆,写文章讲求文从字顺,写字讲求整齐美观时,就有了几分艺术追求。那么,日常生活审美化应该是我们追求的一个目标,艺术不应脱离生活。艺术与生活的分离,归根结底,是阶级划分的结果。"有闲阶级"形成后,他们就把艺术视为自己的专属品,而广大劳动人民就处于无艺术的状态。在前不久举办的世界美学大会上,我接受一位记者的采访,提出了这样的一个口号:经济学家们说要让老百姓过上有尊严的生活,我们从事美学、文学和艺术工作的人能不能把这句话延续下去:让老百姓既过上有尊严的生活,又过上有品位的生活。这是对日常生活审美化的健康的理解。

结语　美学的复兴及批判功能

近年来,在中国召开了一系列重要的美学会议。2006年,在成都召开了"美学与多元文化对话"国际学术研讨会。2009年,在西安召开了"两岸三地美学"会议,主题是儒家美学思想的现代阐释。2010年,又在北京召开了第18届世界美学大会。《外国美学》已经复刊,南京、北京、济南、武汉、上海等许多地方,都新创了许多美学集刊。越来越多的重要美学著作被译成中文,在商务印书馆、北京大学出版社、河南大学出版社出版。这一代人所主持的翻译和前一代人不一样。李泽厚先生所主持的翻译基本上是20世纪前期的著作,例如克莱夫·贝尔、苏珊·朗格、鲁道夫·阿恩海姆等人的著作,基本都是1950年或1960年以前的作品。这还是一种隔代翻译。当然,这些书要比朱光潜、宗白华所译的书要新一些。宗白华、朱光潜翻译的是康德、黑格尔、克罗齐。现在的翻译基本上是一种同步的翻译,能介绍国外一些最新的发展趋势,也使中国美学和西方美学逐步地走向一种同步的发展。隔代翻译,当然有其长处,可以翻译经过历史沉淀下来的学术经典。但是,这种翻译也有其缺陷:基本上还是以洋人为师。同步翻译则不同,中西学者面对共同的学术处境,追求共同的美学发展,求得一种互译基础上的对话。

美学作为一种理论,它的功能应该怎样定位? 20世纪50年代,文学理论被这样使用:让作家学习一套文学理论,再把他们拉到农村、工厂去熟悉生活,然后就可以写作品了。持这种观点的人以为有了理论,有了生活,就可以成为作家;以为理论是建筑师的图纸,照此施工,就像盖房子一样可以写出作品。过去对理论是这么定位的。但是我们知道,马克思也曾经说过,理论是指南,不是设计图。所谓指南,只是指方向。英语中,指南是companion,原义是生活的伴随物,就像我们生活中的座右铭,在创作中、欣赏中、生活中,有这么一个伴随物,可以随时提醒我们、纠正我们,不是照理论所说的去做,而是在做的过程中有理论来调整,对经验进行升华和强化。应该从这种意义上来定位理论,而不是像过去那样,将它看成设计图。

美学也可以说是这样一种工作,它是面对着社会发展,针对着各种各样流行的艺术趋势来发言,成为一种艺术批判的哲学。它纠正社会的一些弊端,也纠正艺术发展中的种种弊端。当然,将理论这样定位,还只是我们的一个设想。具体怎么做,还是需要我们做出很多艰苦的努力。

第五章　读图之难

——图像接受的差异性与国际性

人们常有一种误区，以为语言与文字，是有民族性的，而绘画与音乐则不同，是世界性的。这种说法实际上隐藏着一种深刻的误解。我们是通过符号来认知、接受和欣赏艺术的。在这方面，绘画、音乐与文学都一样。文学受语言和文字的限制，需要通过翻译才能理解。即使翻译也不能打破语言的壁垒，最终也只能是部分理解了，部分则不能理解，或理解得不够深刻。实际上，或多或少类似的情况，在绘画、音乐，以及舞蹈等多种艺术中都存在着。这里主要讲绘画。

一　从"图盲"谈起

语言不是全球性的。我们用语言思维，思维受语言制约，因此语言有着民族性、区域性。语言不仅决定了我们怎么说，也影响着我们说什么。我们不是思考出了什么意思，再用某一种语言去表达，而是用一种语言思考所说的意思,思维与表达是一致的。每一种语言有其独特的语境,有独特的语言发展的历史,有该语言历史上著名经典文本与现实生活中活的话语之间所构成的互文关系,从而决定了"说"的方式,以及该语言特有的美感和幽默。我们有一种语言的快感。中国人,特别是中国文人,常喜欢在一起聊天,享受语言。其实外国人也是如此。如果我们学外语,能与以此语言为母语的人在一起聊天,并聊得很痛快,享受该语言的美感和幽默感,说话具有感染力,说各种笑话畅快自如时,你的语言水平就过关了。

语言静悄悄的,但强有力地影响着我们的思维方式,形成政治向心力、民族认同感、宗教分界线,也形成人文学研究的特色。语言不是普世性的。学会一门外语很难,学得很地道就更难。我们常常会发现,有人学一门外语,多年后,他的性格、行为举止,甚至思维方式,也开始像这个国家的人。原因就在于,语言本来就是生活的一部分。通过学一门外语,人们就进入到一种文化之中。

有人说,文学是民族的,绘画是世界的。绘画不依赖语言而存在。画一看就懂,而语言则学了多年也不见得学好。其实,人们从来没有深入地探究过,所谓的"一看就懂",究竟懂了多少。如果是学习一些简单的国际通用符号,那比较容易。例如,交通符号:红灯停、绿灯行,这儿不可鸣笛,那儿小心慢行,此处有学校,彼处有医院,这是男厕所,那是女厕所,等等。这些符号现在已经逐渐国际化了，一看就知道，全世界哪儿都一样。这些符号，只是一些行动的指示而已。符号不仅指示行动，而且产生意义。欣赏艺术，不能归结为对这些简单通用符号的认知。

艺术的欣赏，要复杂得多。首先，绘画语言表达的意义要更为复杂，其中既包括绘画所要表达的从主题到各种细节在内的各种内容，也包括绘画所能提供的美感。打一个比方说，一个汉字有它所要表达的意义，但这个汉字的每一次书写对字的笔画和结构，线的方向、长短、轻重、力量的处理，线与线的结合所形成的总体结构的把握，等等，都在表达意义和审美的追求中，有超出这个字本身的更多的意义。绘画也是如此，它不仅是画了什么，而且还有怎么画的问题。

过去，哲学家追求像新生儿那样的"天真的眼睛"。后来，人们通过心理学研究证明，"天真的眼睛"并不存在。新生儿所看到的，不是纯真的世界。儿童是在成长和学习之中，逐渐看到世界的。同样，绘画也不是从追求自然的外貌开始，而是从把握形式语言开始，通过学习掌握世界。形式语言不同，对形式语言把握的程度不同，人们看到的世界也就不同。由于这个原因，不同年龄、不同性别、不同经历的人所看到的世界是有差异的；同样由于这个原因，不同民族、不同国家、不同文化的人所看到的世界也是有差异的。

但是，"天真的眼睛"的说法，并不能仅仅用科学实验的反证来对它否定。实际上，这本身是一种绘画观念的产物，这种观念就是，对错觉性外观的追求。对此，艺术史家们还喜欢用另一个词来表达，即对自然的"自然的态度"。对错觉性外观的追求，是一定历史时期，受制于特定的历史机缘，由于特定的历史要求，才出现的。恩斯特·贡布里希说，受到像史诗和悲剧等叙事性文学作品的影响，希腊人追求错觉性外观，试图制造逼真的幻觉。关于这一点，也有许多人探讨过，可进一步探讨。但毕竟，对自然的"自然的态度"，不是自然形成的，这一道理已经讲得很明白。当贡布里希说"制作"与"匹配"时，他提出了一种通过对图式进行修正以通向自然的思路,从而否定了对自然的直接模仿。

当我们不识文字时,就被称为“文盲”;不懂图,也可以叫“图盲”。要想不当文盲,就要识字,要读书,形成阅读能力。过去有一个很有名的电影,叫《武训传》,说出了文盲的痛苦。文盲是“睁眼瞎”,生活在日常世界中,看周围的一切,却有一个重要的文字的世界不能进入。这个文字的世界影响着日常世界,使不识字的人处处受欺侮。我们没有意识到,不识图的人就是“图盲”。图要用符号能力去把握。面对同样的画,不同的人,看到的意义是不一样的。有人一看而过,什么也没有看进去;有人看懂了,而且懂得很深;有人看了以后,激发了各种情感反应。这里面有很大的区别。

我曾经在土耳其的一所教堂里,与几位欧洲美学家们一道看教堂壁画。对那些东正教教堂里的画,我只能看出一点古朴和庄严的感觉。热心的欧洲同行们则讲给我听,例如,其中的羊象征什么,树象征什么,等等。听了以后,我觉得懂了一些。当然,我懂得还远远不够。要想懂那些画,这样听几句是不行的,这其中有很深奥的学问,也需要长期培养艺术感觉,还要有宗教信仰而产生的独特趣味,等等。

图是有民族性的。不同的民族,有着不同的造像传统,这是由该民族的历史和哲学观念、文学和其他艺术的影响,以及前人的图像创造所形成的形式语言所共同形成的。学习欣赏图像,要像学习外语一样,花大工夫,而不是简单地相信眼睛直观所见的东西。我们的眼中出现的图像,是我们的图像符号能力的产物;我们要想看到更多的东西,就需要我们的图像符号能力的进一步发展。

图像与语言相比,有一个优点,即没有学习过,也不意味着一点看不懂。我没有学过意大利语,有一次去意大利,听人家话一句也听不懂。但是,我在那里看意大利文艺复兴时代的绘画,也能大致知道画的什么,能有一点感觉。同样,欧洲人到中国也是如此,听中国人说话,看中国字,一点也不懂,却能懂一点中国画。正是这个优点,可能会转化为缺点。这就是，会有人以为不用学，就知道画的是什么，于是就不再学。他们仅凭自己的直觉来作判断，相信自己的眼睛看到的，就是所有的人看这幅画时所看到的。对于一个儿童，一个学生，我们可以对他说，你的眼见不为实，你需要学习。但是，如果是一些“成熟学者”，或者是有地位的人，由于他们的地位很重要，地位增长了自信心，于是，他们就会认为自己的判断很权威，拒绝学习。

如果有人指着列奥纳多·达·芬奇的手稿，给我们一句一句地讲，我们会保持一种谦虚的态度，觉得很有必要，我们不懂那一时期的意大利文，我们也更读不懂他写得很潦草的手稿。但如果有人指着他所作的画一点一点地对我们讲，有人就会觉得没有必要，觉得不耐烦。其实，这里面也有很多的东西可学，需要学。如果有人说，我们面对一幅画所形成的直觉感受是错误的，应该换一种方式来看，那我们就有可能很反感。然而，事实上，直觉既是学习的结果，也是文化熏陶的结果。

我们每一个人在成长过程中，都曾经学习了大量的东西。这些学习过程，我们后来都忘了。作为研究人员，我们知道在大学阶段、研究生阶段，由导师将我们引进了专业学习的大门。但是，我们常常忘了从小学到中学阶段许许多多的老师教会我们的东西，也忘了从出生到上学，以及此后家庭、周围环境、各种媒体所教给我们大量的东西。母亲的床头故事，我们早忘了，但又没有忘，它们可能存在于我们的潜意识之中，影响我们的一生。这些被遗忘了的经验，实际上仍然存在着，影响着我们的趣味、艺术欣赏能力和指向。

再说读列奥纳多的手稿和看列奥纳多的画的例子。如果我们一门外语水平不高，别人讲给我们听，如果不是特别敏感的话，我们会谦虚地听下去，从中学到不少的东西。但是，人们在看画时，就常常会不懂装懂，并且意识不到他不懂。这是很可悲的。图像给人以不懂装懂的可能，也给人以将误解当成真解的可能。这也是文与图的差异所在。但是，这种差异不能否认一个事实：读图需要学习。

二 书法欣赏的差异性

我们现在常谈到一个话题,即现代中国水墨画在西方世界的影响低于我们对它的预期。这与西方人对水墨的接受态度有关。许多人因此而陷入理论上的困境。例如,有人认为,原因就在于这种画有笔墨。抽象表现主义的代表波洛克自称说受中国的影响,后来赵无极也这么做。波洛克无论怎么学东方,他的画用中国的标准来说,毕竟是没有笔墨的。用滴、泼、洒等各种方式作画,加上各种颜色的油彩,都是他的创举,但是,他毕竟没有中国画所说的笔墨,没有那种在一点一画之间,显示出的人的动作、气韵、风神。赵无极是有笔墨功夫的,中国艺术的训练使他即使画最抽象的画,也不能摆脱中国的笔墨趣味。人们可以根据两人在西方的影响,说波洛克高于赵无极,因此没有笔墨高于有笔墨。这种推理很流行,但没有道理。高与不高,不完全是由画家决定,也不完全是由画作水平所决定,还与社会接受因素、观众的准备程度都有着密切的关系。

这里还可以举一个相反的例子。瑞典的斯德哥尔摩有一个"中国宫",建于两百多年前。这所宫殿中除了有中国瓷器、家具、丝绸,还有几副"中国对联"。这些"中国对联"是用当时瑞典人所想象的中国汉字,照中国对联的样子写成的。我曾经带着一些中国访客去看,所获得的反应不一致。有学者持历史的态度,对此表示理解,认为两百多年前就有这样的意识,是很不容易的。也有艺术家则不能理解。的确,那不是书法。

问题到底出在什么地方呢?出在对书法的不同理解上。当时的瑞典人,将书法理解成静止的图像,对之进行描摹。欣赏者也会兴味盎然,特别是当时的瑞典王室,将之看成来自中国的宝贝,想象既然中国人欣赏,一定有其道理,他们也就跟着欣赏。他们将之看成显示他们想象中的中国趣味的符号。我想,这与今天一些欧美来的游客欣赏中国京剧或昆曲,有不少相同之处。他们只是觉得新奇,并将之看成文化的象征。听着咿咿呀呀的唱腔,觉得很有趣;看着画面,也觉得很漂亮。如此而已。他们还通过这种欣赏,展示他们宽阔的视野和文化上的宽容性。但是,这毕竟只是基于文化赞赏态度所形成的善意误读而已。

还是从书法谈起。当时的瑞典人,以及此后的欧洲人,包括今天绝大多数的西方人,都习惯于将书法看成静止图像。他们也许听说过,也意识到,不能这么做,但习惯上仍继续这么做。例如,开始学中文的欧美留学生,常常在写字时缺笔少画。原因在于,作为图,多一笔与少一笔,并不太重要。谁也不会严格规定,画一张脸或一棵树,应该画几笔。但是,文字的书写就不是如此。笔画是固定的,多一点,少一撇,或者某一笔稍长一点,就是意义完全不同的另一个字了。这种意识,对于外国留学生来说,需要花很长的时间才能培养起来。

比起笔画的多少来说,更重要的是笔画的顺序。汉字的笔画是有顺序的。在中国孩子学习汉字时,老师会强调这一点,对笔画顺序错误的学习者进行纠正。同样,外国留学生也需要花时间来对此专门学习,并在学习过程中随时纠正。书法正是在此基础之上,建立起笔划的方向、顺序,用笔的轻重,用墨的浓淡,等等,这是一种动态结构。没有这一切,就不是好的书法。

这种追求,在 18 世纪的瑞典人和欧洲人那里,是不可能被理解的。当然,不能理解不是由于这种艺术天生不可理解,而是需要学习。几个世纪以来,由于民族间相互接触,东方艺术也就变得越来越能够被理解。但是,从另一方面说,究竟理解多少,在什么程度上理解,其实仍存在着问题。理解需要日常实践,也需要理论上的全面阐释。今天,这两方面做得都不够。

三　图的符号特点决定了读图需要学习

读图需要学习的道理，仍可以从作图需要学习谈起。作图需要学习，这比较好理解。不同的民族作图传统不同，各有其学习方式、相关的学习组织形式，以及不同的学习程序规定和学习的教材。我曾经在一篇文章中比较《命运之轮》与《芥子园画传》，试图说明，欧洲与中国人的学画方式不同①。欧洲人学习作画的比例、尺寸等知识，学习如何画辅助线，如何使图像合于标准几何图形。相反，中国人像临摹书法字帖一样临摹画本，学会用笔用墨和绘画布局技巧。前者从一种实用几何学出发，说明图像是如何构成的，教会学画者一些工艺技巧；后者从感觉经验出发，在临摹过程中掌握绘画的语汇，掌握线的方向感、顺序感、力量感，以及一些绘画要素的动态配合关系。这就从源头上看出了中国人与欧洲人学画方式的不同。

不同的民族，作图传统不同。我们过去只是意识到，不同民族有着自身的图式，他们运用这种图式来把握现实。这是贡布里希试图说明的道理。他区分"写"与"画"，认为"画"高于"写"。他的理由是，"写"只是"制作"（making），而"画"才"匹配"（matching）。显然，如果仅仅说到这里，是远远不够的。在讲图式时，要说明图式的制作方式。欧洲人"画"高于"写"，中国人"写"高于"画"，欧洲人认为画的根基是实用几何学，而中国人认为画的根基是书法。

在这里，还有一个传统与现代的问题。我们要面对现代的挑战，要有现代的意味，但不能完全脱离传统。中国的现代性面临的是两个方面的问题，一是如何对待传统，一是如何对待西方。只是谈保存传统，不是中

① Jianping Gao, *The Wheel of Fortune vs. the Mustard Seed: A Comparative Study of European and Chinese Painting*, Diogenes Numbers 233&234, Volume 59, issues 1&2, pp.101-117.

国的现代性;只是谈接受西方,也不是中国的现代性。中国式的现代性,要既是中国的,又是现代的。接受现代的挑战,形成现代意识,保留传统的精华,才是出路。

不仅作画需要学习,欣赏画也需要学习。这要特别强调,原因在于,这一点特别容易被忽视。图的欣赏与制作,在本质上具有一致性。我想在这里申明一种“内模仿”理论:人是以自己的模仿动作来感受图的运动性的。这种内模仿不一定是实际的动作模仿,人会把画看成运动痕迹,欣赏画时,心随之所动。

我们看到,许多古代书法家,在看到好的书法作品时,会自觉或不自觉地用手去比划。右手在左手掌,在地上、墙上,在身体上比划。原因就在于,他们要通过手去理解书法作品。其实,中国画的欣赏者,或多或少地需要动“手”,即要求欣赏者用“手”去欣赏。我们是既用“眼”也用“手”来欣赏绘画。从某种意义上说,我们用“手”的成分越多,欣赏就越充分。

“手”“眼”并用,“手”高于“眼”,是中国绘画欣赏中的重要观念。当然,评论家的欣赏与艺术家的欣赏,会有一些不同。“手”高于“眼”,不能理解成画家的欣赏一般性地高于评论家的欣赏。画家的欣赏有高于评论家之处,如果评论家自己不能画,他们的评论可能会有隔靴搔痒之感。但是,从另一方面说,视觉符号与语言符号属于不同的符号系统,理论论述与艺术创作所用的符号性质也不同。这种差异,就要求评论家进行符号间的转换。他们要把从绘画欣赏中所获得的感受,用语言表述出来。

我们不能说,绘画的意义在于语言所能表述的意义。绘画的意义在于图像意义本身。形象思维本身就能把握形象的意义,无须经过概念和语言。但是,评论家们却必须进行这种转换。他们做的,也许多少相当于翻译的工作。翻译是将一种语言翻译成另一种语言,而评论家们是将视觉形象所把握的意义用语言表述出来。这种工作,具有高度创造性,但属于另一种性质的创造。

与此同时,评论家们也需要接通各种人文社会科学的知识。评论不等于说出感受到的意义，还包括对此进行阐发，让不同的学科的知识进行碰撞，从而诞生新的意义。一个一般的欣赏者可以不关注哲学、心理学、社会学、历史学知识，不关注美学、艺术家、艺术史，甚至不关注画家的生平、时代，只是面对画作本身，形成自己的感受和意义的把握。但是，评论家却需要这些知识，借助这些知识，实现视觉意义向语言意义的翻译，实现意义的补充、阐发和增强，然而，同时这也意味着评论可能是误读。

这里可以得出结论：欣赏图是一种能力，与学一门语言一样，需要学习。我们可能会觉得，学一门新语言很难。特别是成年人，花许多年的工夫，学一门新语言，也无法学好。我们也许会觉得，学习看画，比起学语言来说，要容易得多。画一看就懂，常常看，就能懂得多。其实，学语言与学看画各有各的难处，要达到一定的水平，也都不容易。一门外语水平的好坏，很容易测试出来；但对一种艺术的理解水平，没有测试，也不容易看出来。其实，看画有看画的困难之处。这需要长期的艺术熏陶，伴随着人的成长而形成的艺术素养，与艺术有关的一些操作，同时，也需要各种图像和符号的知识，等等。这是一种日积月累的功夫，也是一种长期养成的素质，一种艺术的趣味能力。

四　国际性的不同含义

最后，我想归结到一个话题：国际性。艺术要有国际性，但对国际性也要审视。有的艺术品特别为本民族的人所赞赏，有的艺术特别为其他民族的人所赞赏。哪一种是更好的艺术？这里面就有一个悖论。

人们常常用国际性来衡量一件作品，一位艺术家的水平。艺术家在哪里展出过作品，获得过什么样的奖，艺术家是什么样的国际专家，在什么样的杂志上进行过评论，这些都是艺术家水平的标志。如果一位浙江的画家的作品在纽约、巴黎展出，意义就胜过在北京的展出；而在北京的展出，意义也胜过在杭州的展出。这是事实，无法抗拒。但是，从道理上讲，这有问题。

艺术评价与体育运动的评价还是有区别的。从运动员在省里得奖，到在全国得奖，到国际比赛得到名次，直至获得奥运会奖牌，奖牌的“含金量”各不相同。一枚奥运金牌，胜过多枚国内比赛金牌。这有一定的道理。体育运动有国际的标准，这个标准来自于对人的身体力量极限的挑战。将人们放在更高、更快、更强的标准下，依据一定的规则来竞赛，从而形成竞赛的获奖者。

艺术界也有着相应的评价标准，人们认为艺术在不同的范围里被承认，也代表着不同的水平。对此，曾经流行一种说法，叫作“只有世界的，才是中国的”。这种说法是过去“只有中国的，才是世界的”的说法的反用。“只有中国的，才是世界的”，是一种对民族性的强调。民族性成为走向世界的通行证，发掘民族的特征，将之发扬光大，得到世界的认可。这是一种艺术风格和道路的设计。而“只有世界的，才是中国的”，则代表另一种态度：打到世界上去，拿一个大奖回来，中国就自然会有人认可，不认也得认。借助国际强势，建立在中国的地位。这是另一种艺术风格和道路的设计。两种说法，代表了两种策略，也就有了两种风格。

民族性不是天生的，而是由于种种因素结合在一起，由于历史的机缘而形成的。中国的水墨画，由于书法的影响和文人对表意性的强调，形成了重视意气笔墨、重视动作性的特点，而欧洲的艺术，在哲学观念的重重渗透之下，形成了“模仿”和“形式”（主要是几何形式）这两大传统的结合，以及由形式的整体性、部分对整体的适合、光与色这三种观念组成的对艺术的改造和发展过程。

既然艺术的民族性不是天生的，而是可以学习的，那么，就是可以通过在对话中相互学习，达到一定程度的接受。欧洲人不讲笔墨，但讲笔的飞动留下的笔触之美，也讲线的运动之美。这种观念，在从古到今的许多画家那里都是存在的。画家对用笔的自由挥洒总是会有一定的感觉。然而,这种感觉是否可能得到理论上的确认和固化?这在过去的欧洲不可能。欧洲艺术哲学有其传统,这个传统压抑着对笔触之美的认可。那么,在今天,在中西对话的大背景下,这种对美的感觉是否有获得解放的可能性?我觉得是可能的。同时,这也是水墨走向世界的契机。

我们可以有一种复数的普世性。过去,只有普遍与特殊,普世性与地方性的对立。仿佛有某种普世性放在那里,与它不同的,都是地方的。后来,我们发现,这种普世性,只是另一种地方性,只不过它走向了世界了而已。普世性也可以是复数的,有着不同的普世性,从不同的地方,走向世界。这种表述,可以看成从多样到多元。多样处于不同的各自独立的地理空间,而多元则处于共同的地理空间之中。

结语　读图需要学习

我们再次回到图像接受上来。图像的接受需要学习。通过学习,形成符号能力,从而把握对象。不同的文化之间,在造像传统方面,有着很大的差异。由此带来的对图像的接受和评价就有着很大的差异。这其中包括两个方面:一是理解上的,对异文化的图像,可能根本看不懂,或很大程度上看不懂;二是情感上的,对异文化的图像,会有隔膜。

现实中存在着大量的对异文化的不懂装懂,或者任意评价。这是我们要努力避免的。中国人在看异文化图像时,不能自以为是;同样,西方人在看中国的书画时,也是如此。

我们这个世界是多元的。多元意味着,我们可以通过学习,欣赏来自不同传统的图像和绘画。只有通过图像认知的学习,才能接受图像,感受图像,丰富我们的感受,丰富我们的内在和外在的世界。

第六章　论文学艺术评价的文化性与国际性

从近几年到近几十年间，中国人，从学术界到新闻界人士，直到一般民众，对一些国际性的文学、电影、美术、音乐等奖项都倾注了很大的热情。这种情感也许与拿奥运金牌和申办奥运属于同一性质。如果说有什么经济全球化带来的文化全球化意识的话，这也许是。外国人也很高兴，因为他们创造出来的东西被在意了。中国的文学艺术事业出现了前所未有的被世界承认的需要，这种世界的承认反过来又在推动国内的承认。于是，“只有中国的才是世界的”这一口号失去了诱惑力。你的东西固然是中国的，但只是一心追求它的中国性，而不想世界那一面的情况，那只能孤芳自赏。这时，就会另有一些人感到，这是抱残守缺，守株待兔。新的流行口号是，“只有世界的才是中国的”。挟洋人以自重，外国人都承认了，中国人就会承认，或者说，就只好承认。这个口号的倡导者们摸准这一点，开创着一个又一个打出去再打进来的事业。这么做，有人赞成，有人反对。对于我们这里的讨论来说，赞成与反对本身并不重要。重要的是，澄清这种态度背后的理论意味。作为这个工作的第一步,我想问这样一些问题:一个为不同文化共同认可的最高文学或艺术成就是否可能?如果可能的话,它的根据是什么?有没有普遍的文学与艺术标准?或者说,有没有绝对美与绝对艺术存在?

一　对审美与艺术标准探讨的历史与现状

对文学艺术的世界性评价涉及一些基本的美学问题。它包括纵向的美的标准的时间性与横向的美的标准的空间性。在中国,有很长的一段时间,美学的讨论都是围绕着时间性而展开的。

围绕着美的标准的时间性,形成的是一种关于美的标准的历史变迁的思考。它首先表现为马克思主义对浪漫主义式绝对美的概念的批判,后来则表现为对马克思主义的两种不同的解读。

为了论述的简便起见,我想以一个例子为焦点来概述这场延续了相当长时间的争论。俄国作家屠格涅夫有一句名言:“弥罗岛的维纳斯大概比罗马法或者 1989 年的原则更不容怀疑。”①普列汉诺夫在回应这句话时，说出下列几点意思：(1)“非洲的霍屯督族人不但完全不知道 1789 年原则，而且对弥罗岛的维纳斯也是一无所知。如果他看见了弥罗岛的维纳斯，他一定会对她有所‘怀疑’”。(2)“基督教的……圣像崇拜者对弥罗岛的或其他所有的维纳斯都表示极大的‘怀疑’，他们把所有的维纳斯都叫作女妖，只要有可能就到处加以消灭”。(3)“欧洲人愈是具备宣布 1789 年的原则的条件，弥罗岛的维纳斯在新欧洲就变得愈是‘不容怀疑’了”。(4)“绝对艺术”“在任何时候和任何地方都不曾有过”②。从这个例子，我们看到了两种相互对立的观点：一是浪漫主义式的绝对美与绝对艺术的观点，一是美是由社会所决定的观点。

这个争论当然远不是从屠格涅夫和普列汉诺夫开始，也远不是到他们那儿为止。在他们之前，欧洲浪漫主义的“纯粹艺术”观与艺术社会学派的争论就显示出了这种差别③。在 20 世纪中后期的苏联和中国，美学界不约而同地形成两种看法：一种看法是，存在着永恒的、客观的美，从无机的自然、植物、动物，再到人，这个进化的阶梯中每一步都有美，都显示出美的发展④。对于这种美，人只能去发现它。一物过去不被认为是美的，而现在却被认为是美的，并不说明美是由社会所决定的，而只是说明，社会为人们对(一种客观存在的)美的认识提供条件。于是，霍屯督人不能认识维纳斯的美，是由于他们缺乏审美能力；圣像崇拜者们宣布维纳斯

---

① 出自屠格涅夫的中篇小说《够了——已故艺术家日记片断》(《屠格涅夫文集》12 卷本第 7 卷，莫斯科：国家文学出版社 1955 年，第 47 页)。转引自曹葆华译《普列汉诺夫美学论文集》，人民出版社 1983 年版，第 1016 页。

② 以上四段引文均引自《普列汉诺夫美学论文集》，第 838—840 页。普列汉诺夫是于 1912 年在列日和巴黎所作的学术报告中说出这番话的。此文后来以《艺术与社会生活》为名发表。

③ 这一描述请参见 Monroe C. Beardsley, *Aesthetics: From Classical Greece to the Presenst.* Alabama The University of Alabama Press, 1966. Chapter XI, “The Artist and Society”。其他一些西方美学史著作中也有相似的描述。

④ 参见格·尼·波斯彼洛夫著《论美和艺术》，刘宾雁译，上海译文出版社 1981 年。其中“现实的审美属性”一章，论述了进化的不同阶梯上事物的美。从这种思想中可以看到黑格尔式理念的发展最后回到自身观点的影子。中国学者蔡仪先生则发展了恩格斯的典型概念，并将这个概念运用到自然和生物界，指出美在于典型，认为在事物进化的不同阶梯上，都存在着美。

为女妖,是由于偏见遮住了他们的眼睛。

与此相对立的另一种看法则认为,并不存在永恒的美,也不存在“绝对艺术”。每一个时代,每一个社会,都会有自己的美的典范和艺术理想。于是,对于霍屯督人和欧洲中世纪的圣像崇拜者来说,弥罗岛的维纳斯并不美①。这种观点的依据是历史进化论。在不同的时代,由于人的社会实践,特别是生产方式的不同,人的意识,包括对美的意识也就不同。美是由人的这种社会实践所决定的。由于人的社会实践具有客观性,因此,美也具有客观性。但是,这种客观性不是永恒性,美随着人类社会的发展而发展②。

从 20 世纪 80 年代后期到 90 年代,中国学术界对这一美学上的争论持放弃的态度。在这一时期,有关美学与艺术的研究在其他方面有了很大的拓展,然而,很少有人再回到这样一个在一般人看来太具有形而上学意味的争论之中。然而,一些基本的理论问题是绕不过去的。没有了理论,我们就只能满足于感性的批评和更具现实意味的政治意识形态批评,并将之冒充为理论。

让我们回到霍屯督人、希腊人、中世纪人和文艺复兴后的西方人这一区分上来。这个例子在人类学研究中可以形成两种解读:一种解读大致说来,可以说是属于 19 世纪的解读,另一种则是 20 世纪的解读。

生活在 19 世纪,或者虽活到了 20 世纪,但在 19 世纪形成其基本的思想方法的一些著名的人类学家,如摩尔根(Lewis Henry Morgan, 1818—1881)、泰勒(Sir Edward Brunett Tylor, 1832—1917)、弗雷泽(Sir James George Frazer, 1854—1941)、涂尔干(Émile Durkheim, 1858—1917)。按

---

① 参见列·斯托洛维奇著,凌继尧与金亚娜译《现实中和艺术中的审美》(三联书店 1985 年),和凌继尧译《审美价值的本质》(中国社会科学出版社 1984 年)。前一本书讲美的客观性与社会性,后一本书则强调美是一种价值。在中国,李泽厚先生持一种他称之为“客观性”与“社会性”的统一的观点。他的论述可见《美学论集》与《美学四讲》。在后一本书中,他对“社会性”略有修订,加强了对个体性的论述,但基本理论框架则未变。

② 在这种观点的指导下,出现了一系列美的历史的著作,其中影响最大的是李泽厚《美的历程》。这些著作,就一个文化之中的美的趣味变化进行描述,有着很强的说服力。

照他们的观点，人类的历史社会组织和思维形态必然经历一系列的进化阶段。例如，摩尔根就按照人类的生活资料的获得方式与人的社会组织形态等标准，将人类的历史分为蒙昧、野蛮及文明这三个时期。在摩尔根的笔下，现代原始民族的资料，考古学家发掘的上古文化遗存，与有文字记录的历史学资料都用来填补一个构造出来的人类总体历史框架中的各个空白点。于是，现代的易洛魁人代表了人类在古希腊以前的一个阶段，前者是氏族社会，后者则经历了氏族社会解体，人类进入到文明时代的过程①。再如，弗雷泽持人类思想方式的进化主义观，认为人类经历了一个从巫术到宗教、再到科学的思维进化过程②。这些人类学家们受到斯宾塞的进化论影响，具有一种普遍主义的世界观，认为全世界的人类都会经历大致相似的进化过程，在进化的不同阶段，出现大致相似的思想文化特征③。我们所熟悉的一些关于人的审美趣味的社会解读背后，都存在着这种大的理论框架。按照这种框架，国家的、民族的、文化的差异本身并不重要，所有这些空间的差异，都可以被解读成时间差异。一些部落艺术，例如，澳大利亚、新西兰或太平洋上的一些岛屿上原住民的艺术成了在理论上具有普遍性的艺术起源的证据。在研究者的心目中，最重要的是旧石器、新石器、青铜或铁器时代这种按照工具区分的时间上顺序关系，而不是种族、民族、文化间的差异。不仅对待所谓的原始民族是如此，对待文明社会也是如此。当人们说美是由社会决定的时候，我们就读到了许多所谓奴隶社会、封建社会、资产阶级、无产阶级的美。我们曾经非常重视所谓美的阶级性，这种观点的产生，除了当时特定的政治意识形态原

---

① 参见路易斯·亨利·摩尔根著《古代社会》，杨东莼、马雍、马巨译，商务印书馆 1977 年。亦参见中国科学院历史研究所根据俄文译出的马克思《摩尔根〈古代社会〉一书摘要》，人民出版社 1965 年。这本书由于马克思的阅读和摘录，在东、西方都变得更加重要。这里需要强调的是，尽管马克思非常欣赏这本书，但并没有在这本书面前丧失批判的立场。

② 参见根据《金枝》的简写本所翻译的中文本，中国民间文艺出版社 1987 年，特别是该书的第 68 和第 69 章，徐育新、汪培基、张泽石译。

③ 当然，达尔文的影响也是重要的。但是，受达尔文思想影响更深的是一些被称为生理（physical，一译体质）人类学家的人。这里主要讲的是文化人类学，讨论的重点是人的文化而不是人的生理特征对人类的行为模式的影响。

因,更为深层的原因是这种普遍性的意识。全世界的无产者具有共同的美,全世界的资产者具有共同的美。这种阶级论的理论框架,是从进化论发展而来。它们同属于普遍主义的理论体系。在这种理论体系中,文化间的差异被忽略不计了。

一种本质上属于20世纪的人类学,则对这种普遍主义的进化论观点构成了挑战。这种挑战本来是从方法上开始的。在19世纪,人类学的研究主要还依赖于第二手的,来自旅行家和传教士的笔记资料,因而被人们称为"摇椅上的民族学"。20世纪初年,出现了一场所谓的"人类学的革命"[①]。马林诺夫斯基(Bronislaw Malinowski, 1884—1942)就是这方面的代表性人物。这时的人类学家具有强烈的对田野工作的爱好,认为只有通过田野工作所获得的第一手资料,才是通向可靠结论的唯一途径。这种原本是在科学主义的精神指导下进行的方法上的变化,却导致了人类学观点和这个学科性质的根本变化。人类学不再用来填补一个巨大的、具有普遍性的理论框架中的缺口,而成了具有描述性,力求避免先入为主的框架的民族志(ethnography)。马林诺夫斯基认为,一个文化特征包括物质与精神两方面的因素,用他的话来说,就是"器物"的与"习惯"的因素。"器物和习惯形成了文化的两大方面——物质的和精神的。器物和习惯是不能缺一,它们是互相形成及相互决定的。"[②]文化以及它所包含的社会组织和社会制度构成了一个整体,当我们确定一件艺术作品的价值时,应该从这件艺术品在它所属的文化之中所具有的功能来衡量。"艺术作品总是变为一种制度的一部,我们只好把它置于制度的布局中去研究,才能明了它的整个功能与发展。……只有把某种艺术品放在它所存在的制度布局中,只有分析它的功能,亦即分析它的技术、经济、巫术,以及科学的关系,我们才能给这个艺术品一个正确的文化的定义。"[③]实际上,并不存在着一种普遍的,与社会的物质生产发展水平相对应的艺术与

---

① I. C. Jarvie, *Revolution in Anthropology*. New York: Humanities Press, 1964.

② 马林诺夫斯基著《文化论》,费孝通等译,中国民间文艺出版社,1987年,第6页。

③ 同上,第89页。

文化产品。那种文化归根结底是由物质生产的发展状况决定的思想,不能解决为什么此文化具有这些而不是另一些特征的具体问题。根据形式逻辑的一些基本规则,研究的对象越是具体,所要考虑的因素就越多。当研究者从“归根结底”式的哲学思考层面向具体文化的描述层面转化时,更多的因素就必定要被容纳进来。按照马林诺夫斯基的观点,不同的文化具有不同的精神“习惯”,这种“习惯”与“器物”相互作用构成文化的特征①。

人类学上的这种转向的另一个后果是文化相对主义的出现。露丝·本尼迪克特(Ruth Benedict, 1887—1948)曾指出,“对人类学家来说,我们的风俗和新几内亚某一部落的风俗是用以处理某一共同问题的两种可能的社会方案,而且,只要他还是一位人类学家,他就必须要避免偏袒一方”②。博厄斯(Franz Boas, 1858—1942)则指出,“我们可以说在社会科学的绝对标准的实际应用是没有的。例如,非洲中部的黑人、澳洲人、伊斯奇摩人和中国人……的社会理想均与欧美人不同,他们对人类行为所给予的价值实无可以比较的,一个认为好的而别个则认为不好的。……因此,一般社会方式的科学研究,依据我们自己文化的调查者,应从一切价值中解放其自己才对”③。文化相对主义的产生,基于这样一些原因:第一,人类学家作为人的状况的描述者,努力持一种价值中立的立场,以便得出一种科学的结论。这是与当时的社会科学致力于借鉴自然科学的方法,用一种客观的态度对待所研究的对象联系在一起的。当时的人类学与西方宗主国的殖民地研究有着密切的关系。坚持这样一种文化相对主义的立场,有助于克服当时根深蒂固的宗主国对殖民地人民

① 这是一个涉及历史唯物论的重大理论问题。我在这里愿意提醒读者注意恩格斯于1890年致约·布洛赫的信。在这封信中,恩格斯指出,那种将经济因素说成是“唯一决定性的因素”的说法,是对马克思主义的歪曲。经济运动作为一个相对变动着的因素,归根结底推动着在其中包含着多种相互矛盾的因素的既有状况的变化。请参见《马克思恩格斯选集》(北京:人民出版社1972年)第4卷,第477—479页。

② 露丝·本尼迪克著《文化模式》,何锡章、黄欢译,华夏出版社1987年,第1页。

③ 引自弗兰茨·波亚士著《人类学与现代生活》,杨成志译述,商务印书馆1984年据1945年版重印,第148—149页。

的偏见，克服种族中心主义，从而提高研究的质量。第二，这也是研究进入到所研究对象内部层次的需要。对于这些研究者来说，文化的各种要素构成了一个整体，其中的某一个或者某一组要素的意义，不能从这些要素的普遍的，或者说对于研究者来说所具有的意义，而是从它在该文化中的功能来考察。

我们从这里再次回到普列汉诺夫的例子。霍屯督人与希腊人的美有没有高下之分？普列汉诺夫没有提供明确的回答，但通过对普列汉诺夫基本思想体系的考察，我们可以看到，他持这样的一种观点：一方面，霍屯督人与希腊人具有不同的美，并且各自有着充分的理由坚持自己的审美观点；但另一方面，由于不同民族的境况"归根到底受它的生产力和它的生产关系制约"，因此，它们又从生产力与生产关系的发展水平的角度具有高下之分[①]。这个结论可能会被简化成这样一句话：每个时代都有自己的美和艺术，时代进步了，美和艺术也随之进步。这一似乎合情合理的观点之中，却可能隐藏一种将世界时间化的危险。现存世界上的各个不同的民族的文化产品被转化为一个历史表上的不同时间段，并进而依据这一在时间表上的位置来决定其价值。

文化相对主义的魅力正是在这里体现出来的。它本来是发达国家的人类学家与社会学家在研究中形成的一种工具性观念，这时却成了不发达国家捍卫自己的文化独特性的理论武器。

二　普遍主义标准的现实诱惑、历史起源及困境

20 世纪的文学与艺术在世界范围的比较和评价活动常常以一种普

① 普列汉诺夫的这一观点可以参见《论艺术——没有地址的信》，曹葆华译，三联书店 1973 年。这里所引的这段话引自该书第 47 页。

遍主义的面貌出现，似乎在它们的背后，具有一种放之四海而皆准的标准。然而，我们从什么地方，以什么为依据来建立这种标准？我们在前面讨论过审美的进步主义观点与相对主义观点，这两种观点在这里都具有适用上的困难。依照进步主义的观点，审美的标准被归结为社会状况，从而最终归结为人在社会中的经济关系。然而，经济上占据着强势的国家和民族并不一定代表着最高的审美标准，而用政治上的强势取代审美标准，或者用政治意识形态置换审美标准，则必然会遭到普遍的抵制。另一方面，相对主义的观点取消一切世界范围内的比较和评价活动的可能性。当各个不同的个人、人群、民族、文化都自认为其美时，世界范围的评价活动就是不可能的。

将文学与艺术创作在世界范围内进行比较和评价，也许可以与世界性的体育比赛来比拟。也许，这种比较、评价和评奖活动的发展，正是与这种世界性的体育赛事的刺激性有一定的关系。奥林匹克运动会要决出金牌，必须依据普遍的标准。这种标准有不同的情况。有些是由尺子、秒表决定的，有些是由评委评分、裁判吹哨决定的。不管具体的决定方式如何，存在着一个客观尺度。比赛的结果由规定条件下个人能力发挥的情况决定。这些比赛甚至有着一个被称为世界纪录或各个级别的纪录一类的东西，使一位运动员在此时此地的比赛中所达到的成绩与其他时间、其他地点中自己或他人的比赛成绩具有可比性。

体育中有一个口号：公平竞争（fair play）。将来自不同文化与社会的人放到一个标准之下来评判，这是奥林匹克运动的理想。但是，奥林匹克运动的可比性是通过对运动形式本身作出规定而形成的。体育运动中有所谓的奥运会项目和非奥运会项目。比起世界各地存在的各种民族、民间的体育运动项目来说，奥运会项目只是非常少的一部分。一个非奥运会项目要想变成奥运会项目，就要依照奥运会的方式进行改造，制定一整套的规则，从而使公平竞争成为可能。无法公平竞争，从而无法成为可授予奖牌的项目，就无法成为奥运会的正式项目。这种公平主要是在一种同质(同一项目)内的量("更快、更高、更强")的竞争中体现出来的。

这种公平的背后,具有一个理论预设:存在着一种共同的人性。我们都是人,因此可以假定,我们的先天构造是一样的,我们可以在一个场地上,按照同一种客观尺度进行公平竞争。让龟与兔在一起赛跑不公平,因为它们的先天构造不一样。人与人也不一样,于是,为了实现公平,需要做到将男子与女子分开,正常人与残疾人分开,等等。在作出了一些区分后,就假定在已区分的类别之中,所有的人,不分其种族与文化,更不论个人的先天条件,都应该放在同一个标准下来衡量他们的能力。体育背后有着人种因素,也有文化因素,但这些不能成为衡量的标准。在普遍人性的前提下,这些因素从尺度的基础变成了被衡量的对象。因此,奥林匹克运动不仅具有健身强体的含义,而且具有各国家间竞争的含义:不是在战场上,而是在这里证明自己的力量。从这个意义上理解,奥林匹克运动甚至被理解为促进了世界和平。

文学艺术的评价与评奖活动,是不是也可以这种共同的人性为理论预设?中国古代就有人提出,"口之于味也,有同耆焉;耳之于声也,有同听焉;目之于色也,有同美焉"①。康德也将美的普遍性建立在共同人性之上,然而,他已经认识到问题的复杂性,而不像古人那样理直气壮了。康德所讲的是"主观的普遍性",即不管事实上是否具有普遍性,主观上要求普遍性②。今天的国际美学界,艺术与运动的关系已经被韦尔施(Wolfgang Welsch)这位具有挑战性的所谓后现代美学家提了出来③。他说,"运动是一种艺术"。我曾经对他说,这不对。但我认为,将运动或游

① 《孟子·告子章句上》。

② 康德《判断力批判》上卷,宗白华译,商务印书馆1964年,第48—54页。

③ 维希在定义运动与艺术时这样表述:"运动是一种艺术。艺术(在其通常的意义上)是另一种。"参见 Wolfgang Welsch, *Sport—Viewed Aesthetically, and Even as Art*?(运动——从美学的观点,甚至作为艺术来看待?)*Filozofski Vestnik*, 2/1999. Ljubljana 1998.这句引文引自该杂志的第236页。

戏与艺术作比较,会有助于我们对艺术特性的认识①。

到目前为止,理论界还很少有将艺术与体育运动作比较,但在实践中,体育运动式的比较是无所不在的,只是人们将这种比较推进到一定程度后,就自觉地或是不自觉地停止了。这种比较就是以普遍主义文学观为理论预设的,同质之中的量的比较。

量的比较的第一种标准是词汇量。对于一门外语的学习者,我们通常都以所掌握的词汇量来衡量该学习者对这门语言的熟练程度。每一位作家都有自己的词汇范围,同样的标准也被一些评论家与文学史家用于对作家掌握语言的能力的评论上。例如,人们常常评价莎士比亚的词汇量大,评价他能将社会上不同阶层的语言都囊括到作品中去,并且能够熟练地而巧妙地运用。与此相反,词汇贫乏则是一位作家低能的标志。

第二种标准是一位作家怎样纯熟地运用各种创作技巧,对于诗人来说是全面地运用各种韵律、音步和格式写诗;而对于小说家来说是全面掌握各种叙事方法和手段,并使作品的内容与形式形成有机结合。

第三种标准是,人物众多,生动有个性,不雷同。读文学史,我们常见到对巴尔扎克与狄更斯人物刻画才能的称赞,我们甚至见到有人判定《红楼梦》优于另外某个作品,例如《水浒传》,理由是前者人物个性众多、丰富、完整而又有发展,而不像后者个性平面而单一化。

第四种标准是,一位作家怎样将一个时代的宏大画卷史诗般地描述出来,他的作品因而融合了社会、历史、经济、政治、人的心理等各方面的

---

① 有关我对韦尔施这篇文章的反应,请参见《畅饮知识的甘泉——第十四届世界美学大会》一文,收入拙著《走出唐人街》(中国文联出版社 2000 年),第 214—216 页。在文中,我提到,冠军不属于踢得最美的足球队,而属于踢进了球的球队,这里隐藏着运动与艺术的根本区别,这一简单的事实具有重要的理论意义。在另一处,我曾对中国古人将绘画与围棋作比拟的现象作了专题讨论。见 Gao Jianping, *Significance of Analogy—Drawing Between Go and Painting. Journal of the Faculty of Letters* (*Aesthetics*) (Tokyo: Faculty of Letters, the University of Tokyo) Volume 25, 2000, pp. 19-34。我的基本观点是,运动不是艺术,但将运动与艺术进行比较,有助于阐明一些艺术的基本特征。在这两处,我只是对这一巨大的问题作了局部的尝试。一个全面的运动与艺术的比较工作还有待于今后在另一个语境中更加从容地展开。在目前的语境中,我所要做的是将艺术和运动分别与普遍人性的关系作一比较。

知识，成为一个时代的百科全书；同时，这种描述又是生动的，相互间具有有机联系的。于是，托尔斯泰成为一面镜子，而欧洲的每一位出色的现实主义作家都是一面镜子。

这些标准的设定，都使比较成为可能，但同时我们又可以看到，这些标准都具有局限性。这些标准，当它们不是仅仅用来对某一个作家的称赞，而且也是用来将这位作家与其他作家进行比较时，就具有一种对个人才能衡量的特点。它们可能成为一些文学评论的说辞，成为我们对这些作品赞扬的理由。它们也确实体现了一些文学作品的价值。但是，它们似乎都不足以成为普遍标准。所使用的词越多就越好吗？使用的手法越多就越好吗？人物越多越丰满就越好吗？成为镜子就好吗？文学史家与文学评论家们很容易就能找到反证。在文学中，存在着种种客观的尺度，但是，文学评价似乎既依据这些尺度，又不完全是。在一些表面的尺度之后，总是有着某种更高的尺度或标准在起着作用。

除了这种量化的考察，我们是否还有一些并不脱离文化传统但又被假定具有普遍性的衡量尺度？当然，这种尺度是有的。诺贝尔文学奖就定过这样一个尺度“富有理想倾向”，这是一个具有德国古典美学色彩和道德主义色彩的标准。然而，实际上，这一尺度很难坚持下去。在 20 世纪初的一些年里，评委们坚持这一尺度，结果却起了相反的效果，评出一些思想上保守，艺术上平庸的作家。后来，这种理想被自由地解释，“一战”后被解释为人道主义倾向，“二战”后，评选的标准实际上换成了文学性和文学上的创新精神，尽管负责评选工作的人仍小心地避免与诺贝尔的遗嘱直接对抗①。任何评奖都会有自己的标准,但这些标准并不像奥林匹克运动那样对文化因素忽略不计。只要文化因素成为标准,评价相对性就是不可避免的,原因在于,这时的相互比较已经不再是共同的质之中的量的比较,而是不同质的对象之间的比较了。体育中也有从欧文斯奖到中国的十佳运动员评选,那属于不同质之间的比较,这时,就有某些运动项目比其他项目更为人们所看重的情况。只是在体育中,这一类的评选既没有奥林匹克式的比赛重要,又以奥林匹克式的比赛为基础,是一种对比赛结果跨越具体项目的承认。

文学与艺术在世界范围的评价和评奖活动,常常是某一个国家或某几个国家中的评价活动的延伸和发展。在一个社区以至一个国家之内的评奖活动开展的动机,本来并非评出一种在审美意义上,或其他一般意义上的最好的作品,而是一种对文学与艺术生产活动从外部来进行影响的方式。文学艺术创作既是一种精神创造活动,也是艺术家们用自己的劳动产品来换取生活资料的活动。文学与艺术家总要生活,而在不同的时代和不同的社会中,他们取得生活资料的方式不同。在传统社会中,作家、艺术家寄食于宫廷、贵族、官僚和商人门下。到了近代社会,支配职业的作家、艺术家的是双重的力量,一种力量是市场,另一种力量是作家、艺术家对文学艺术的理解和热爱。评价与奖励行为所要刺激和推动的,正

① 我在2000年初写的一篇旧作《诺贝尔文学奖与中国》中,对这个奖项的历史及与中国的关系史作了评述。那篇文章曾被《文化月刊》2000年4月号以《诺贝尔奖不是文学法庭》为题发表。由于该刊的性质,文章发表时所作的编排和删节都不恰当。这里摘引该文的一段有关的文字:"诺贝尔的遗嘱中有一个限定语:'富有理想倾向'(in an ideal direction)。……怎样的作品才叫'富有理想倾向'?诺贝尔在写'理想'这个词时,曾作了一个修改。他原来写的是idealirad,这不是一个瑞典语词,其中漏了字母。研究者们认为,诺贝尔心里想的是idealiserad,即'理想化'。然而,诺贝尔不满意'理想化'这样一个在瑞典语中含有'修饰'一类含义的词,因而将之改为idealisk,即将rad改为sk。斯图尔·阿伦教授在经过这一番考证后,联系诺贝尔的一贯思想,指出,这里的'理想',是一个分类性的形容词,而不是一个评价性的形容词。也就是说,他不是指'理想的文学作品'。在这一表述中,'理想'可能成为'优秀''完美'一类评价性形容词的同义词。他所指的是'其方向通向一个理想'(in a direction towards an ideal)。用我们的话说,在诺贝尔的心目中,艺术标准并不是第一的,作品的'有益于人类'的效果更重要。"

是后一种力量，它对市场起平衡作用①。对没有遵循正确的途径取得成功，从而成了市场的奴隶的作家艺术家进行批判，奖励向市场挑战的作家、艺术家（如文学中奖励一些被认定具有艺术价值但一开始并不畅销的作品），通过这种奖励行为影响市场（如一些电影奖本身即可为电影创造票房价值），所有这些评价与奖励活动，都是以文学艺术的现实存在状况为前提的一种对文学艺术的影响方式。它们具有通过举着金牌往人们脖子上套而对人施加影响的特点。这个金牌与奥运金牌具有不同的性质，距离以一种对文化因素忽略不计的普遍人性标准要遥远得多。

我们曾经讨论过审美标准在不同的时间与不同空间上的差异。这种讨论方法容易产生一个错觉，即认为古代社会或现代原始民族之中也存在着一些或多或少的统一的审美标准，只是它们的标准与我们不同而已。美学史上的事实告诉我们，一种统一的关于艺术的观念，一种普遍的美的观念，以至一个以美与艺术的一般特性为对象的学科，都是近代社会的产物。今天，许多研究现代性的学者都重视民族国家的产生一类的话题，其实，与此相对应的另一个话题对于文学与艺术的研究来说更为重要：与民族国家的各自独立相反的跨越国界、跨越民族和文化的美与艺术概念的形成。这种概念构造出一种文学艺术的共性，使文学艺术在世界范围内的比较成为可能。

现代社会与古代社会一个重要区别就在于，在古代社会中，文学艺术是为着较为单一的对象和目的而制作出来的，受当时当地的情境性制约。当时人们没有产生要将这个或那个作品从这些情境中抽取出来，形成一个一般性概念的需要和动机。将不同的作品放到一起进行比较，这是一种后起的现象。这种现象的出现，需要对作品进行抽象。也就是说，将文学作品从具体情境制约下出现的语言性和文字性活动中抽象出来，按照一种被称为文学性的标准来寻找其共性。这是文学走向自觉的一个推动

① 这方面的描述利用了罗贝尔·埃斯卡皮《文学社会学》（于沛选编，浙江人民出版社1987年）中的一些材料。

力。这与艺术作品从实用性中抽象出来，被当作一个单独的类来对待是一致的。这是一个世界历史向现代的大转型。在社会向现代转型的过程中，市场经济日益活跃，形成一种用马克思的话说就是艺术生产"作为艺术生产出现"①的情况。市场本身，正如马克思在讨论经济活动时所指出的，将一些过去不可比较的东西放在一起比较了。不同物品的使用价值是不可比较的，但是，它们作为商品，又有着交换的需要。于是，在千差万别的物品的使用价值中，它们作为商品所包含的抽象劳动的量，构成了它们的交换价值。这种可比较性由于欧洲资本主义的历史展开而获得其内在的规定性，并为人们所认识。马克思曾以"劳动"这个简单的范畴为例，说明重农主义只承认农业劳动，而在资本主义生产得到发展的地方，人们才形成抽象劳动范畴。因此，抽象劳动范畴"是历史关系的产物，而且只有对于这些关系并在这些关系之内才具有充分的意义"②。这种经济方面的思想，当然可以成为理解各种文学艺术间相互可比较性形成的基础。千差万别的劳动产品本来也是不可相互比较的，只是由于资本主义生产和流通方式的发展，它们才变得可以相互比较，从而形成一般性的价值观念。然而，从另一方面看，文学艺术的生产，具有与一般商品生产不同的特点，一般商品生产与流通的经济规律并不能成为文学艺术评价的标准。这种评价的普遍性要以资本主义的经济和社会发展为基础，但并不能直接从价值规律来寻求解释。

一方面，文学艺术的生产与相互比较固然遵从某种经济活动的规律；但另一方面，文学艺术相互比较还被另外一些非价值的，并且与价值相对立的因素而推动。这就是人们由于艺术生产的意识形态性质而对这种产品生产进行的有意识地操纵和调节。文学艺术的批评、评价、评奖等活动，就是在这一个层次上展开的。如果这些活动不完全等同于商业性活

① 马克思《〈政治经济学批判〉导言》。引自《马克思恩格斯选集》，人民出版社 1972 年，第 2 卷，第 113 页。这里的着重号是笔者所加，目的在于区分前后两个"艺术生产"，以引起读者注意。

② 同上。马克思的这方面的论述见第 106—108 页，引文摘自第 107—108 页。

动,那就只是广告的延长而已。广告不可作比较,而评价则是一种比较活动,原因在于,广告活动不是以评判者的身份出现,而评价以具有评判资格为前提。

韦勒克、沃伦在《文学理论》一书中,曾对文学作品的价值(value)与评价(evaluate)作出了区分①。这里的价值,大致相当于马克思所说的使用价值,即作品的效用。在历史上,文学的存在并不从评价开始,而是从价值开始的。文学在一开始可以没有评价,但必须有价值。只有这种价值才能为文学艺术的创作提供动力。评价的出现表明一种文学和艺术的自觉,或者说,自觉地对文学艺术品进行比较。通过评价,具体的文学艺术作品开始被相互比较,包括同一时代的文学艺术作品被相互比较,不同民族间、不同文化圈的文学艺术作品被相互比较。这种比较对于文学艺术的理论工作来说,是一个挑战。我们究竟根据什么才能令人信服地断定,一件艺术品优于另一件艺术品?这类问题的出现,迫使人们制定出评价文学与艺术的标准②。这是文学艺术的批评活动与理论活动在一个相当长的时间里的推动力。理论具有天然的追求普遍性的冲动,但是,在普遍人性的立足点受到质疑之后,哪儿才是这种理论的新的立足点?

---

① René Wellek and Austin Warren, *Theory of Literature*. Middlesex: Penguin Books, 1993, pp.238-239. 中译本可参见韦勒克、沃伦著《文学理论》,刘象愚、邢培明、陈圣生、李哲明译,三联书店 1984 年,第 272—273 页。这一章的第一句话原文为"It is convenient to distinguish between the terms 'value' and 'evaluate'",中文译为"要区分'价值'和'评价'这两个术语是很方便的",似不妥。译为"对'价值'与'评价'这两个术语作出区分,会为我们提供方便",则更接近原意。

② 斯托洛维奇也对"价值"与"评价"作了区分,并且断言,价值体现了主客体之间的实践关系,而评价体现了主客体之间的理论关系,前者是客观的,而后者是主观的(《审美价值的本质》第 29—37 页)。英国学者 H.A.梅内尔(Hugo A. Meynell)也强调价值的客观性,指出它是"客观的"(见 H.A.梅内尔著《审美价值的本性》,刘敏译,商务印书馆 2001 年,第 8—9 页)。然而,这种实践关系,只是从归根结底上讲才有意义。实际存在的是价值与评价不断相互作用的关系链。

三　世界文学命题与人类学的新思路

我们在普遍主义的进化史观与相对主义的文化人类学之间，处于一种两难的境地。我们又发现，我们所有对美和艺术的观念，都是在人类社会向现代的大转型中被构造出来的。人类曾经在还没有艺术概念之时，创造出了大量的艺术作品，人类也曾经在没有美学概念之时，写出大批具有美学意味的文字。但是，自从18世纪这些概念被创造出来以后，艺术与美学就具有了一种与过去完全不同的，对于普遍性的追求。这种追求先在一个文化圈范围内表现出来，后来就向世界的每一个角落传播。怎样才能为这种普遍性寻找一种现实的，与奥林匹克式的普遍性不同的基础？这是我们所面临的问题。

让我们从一个熟悉的命题"世界文学"出发。众所周知，19世纪前期，歌德在与爱克曼谈话中提到这个命题，而马克思、恩格斯在《共产党宣言》中也提到这个命题。

歌德关于世界文学的谈话，是由对中国传奇（朱光潜认为，可能指《风月好逑传》）的阅读经验引起的。他否定了当时常见的那种对中国传奇，以及对一切来自中国和整个东方的文学的猎奇心理，表示他对中国文学的欣赏是由于作品中所表达的思想可以理解，可以产生共鸣，而不是由于它奇特、怪异。他特别指出，"中国人在思想、行为和情感方面几乎和我们一样，使我们很快就感到他们是我们的同类人"。由此，他得出结论，"诗是人类的共同财产"。他劝人们不要"学究气的昏头昏脑"，他自己就"喜欢环视四周的外国民族情况"。在说完这些话之后，他充满激情地下了结论,“民族文学在现代算不了很大的一回事,世界文学的时代已快来临了”①。歌德想要做的事是,了解和欣赏外国的文学,特别是欧洲以外的,那些在那个时代人的感觉中还很遥远的地方的文学。他理解外国文学的原因,不是外国人与自己的不同之处,而正是外国人与自己的相通之处。这说明,他的基础是普遍人性。当然,这个普遍的人性,与奥林匹克的普遍人性不同。他指的不是人的体力,而是“思想、行为和情感”。人是否有可能具有普遍的情感,从而形成对文学的普遍的标准?这里面有种种复杂的情况,歌德并没有意识到。

马克思与恩格斯的《共产党宣言》在谈到资产阶级在历史上的进步作用时论述“世界的文学”。他们从世界市场,以及生产和消费的世界性的论述转到精神生产上来,指出,“各民族的精神产品成了公共的财产。民族的片面性和局限性日益成为不可能,于是由许多民族的和地方的文学形成了一种世界的文学”②。在马克思、恩格斯笔下,这种“世界的文学”只不过是他们对资产阶级给世界历史所带来的结果所做的客观描述而已,他们并没有将之作为一种对未来社会的理想来描绘。

学术界习惯的做法是,一谈到“世界文学”,就回到歌德和马克思那里去,说这是他们伟大的预言。与这些做法不同,我更愿意分析这个预言在理论上的含义。

歌德一方面谈“世界文学”,一方面又谈艺术的“模范”。他说,“我们不应该认为中国人或塞尔维亚人、卡尔德隆或尼伯龙根就可以作为模范。如果需要模范,我们就要经常回到古希腊人那里去找,他们的作品所描绘的总是美好的人。对其他一切文学我们都应只用历史眼光去看。碰到好的作品,只要它还有可取之处,就把它吸收过来”③。由此可见,他谈论的“世界文学”只是以古代希腊文学为典范的世界文学。在一种文化之中

① 这里关于歌德的话均引自爱克曼辑录的《歌德谈话录》1827年1月31日。中译本见朱光潜译,人民文学出版社1978年,第111—114页。

② 引自《马克思恩格斯选集》,人民出版社1972年,第1卷第255页。

③ 《歌德谈话录》中译本第113—114页,着重号系笔者所加。

成长起来，以一种文学为“模范”，从而形成基本的趣味、情感和教养，再以此来看待别国文学，从中发现其中与自己的趣味和情感的相通之处。这种做法存在两个层次的因素：一是“模范”，一是“其他”。被当作“模范”的东西是根本，它总是美好的，它自身就是标准；而被当作“其他”的东西则需要“用历史眼光去看”，它们的美是相对的，需要以一个外在于它们的标准来对它们进行选择。歌德这里讲的“模范”是古希腊文学，他没有设想以其他文学为“模范”的可能性，因为那些对于他来说不是“模范”。然而，其他文学并非不能成为“模范”，而且实际上，许多民族的文学家和文学研究者都或多或少有以自己的文学为典范，以外国的文学为“其他”的情况。这里，他们的所见所想，所创作的作品，所构建的理论，所形成的价值观，当然就会很不相同。是否存在着以其他文学，例如以古代中国、印度、波斯等为典范，“历史地”看待其他文学，从而构成另一种世界文学的可能性？这一点歌德并没有提出，也许他认为根本就不可能。一些杰出的欧洲人以一种博大的胸襟来将世界上一切优秀的文学吸纳到他们的视野之中，以为这就是世界文学了。但是，不要忘了，这个世界上还可能有其他具有博大胸襟的人，以世界的另一个地方、另一种文化为立足点，将世界的文学吸纳到他们的视野之中。实际上，如果在歌德时代，对外国文学的阅读和研究，特别是非欧洲的文学的阅读研究是比较少见的话，那么在今天，外国文学大概已经成了世界上所有国家的文学教育的基本组成部分和一般人的普遍文学教养的组成部分。这时，“世界文学”的理想是实现了，还是没有实现？回答只能以人们对这个词的定义而定。避开语词的定义带来的种种不确定情况，至少在今天，从非西方国家的文学教育的情况我们可以得出一个结论，“世界文学”并不是一种单数的名词，而是一个复数的名词。从不同的角度出发，就会有不同的视野，就会形成不同的“世界文学”。这时，作家、作品还是那些，但进入视野，被认为重要的作品就不同，评价的标准也会很不一样。这就像同样的一片风景，从不同的角度看，就得到不同的印象一样。从这个意义上说，“世界文学”从文学上相互阅读、相互评说的意义上讲是实现了，而从文学在全世界范围内的一体化而言，则远没有实现，而且只要文化差异没有被抹平，只要作为文学载体的语言没有统一，就不可能实现。在全世界都用一种语言——“世界语”——之前，就没有一体化的“世界文学”。

马克思与恩格斯关于“世界的文学”的论述，也应该作出这样一种区分：由于世界市场开拓，由于殖民化过程而形成的、以西方为主动而其他地方为被动的、资产阶级性质的“世界的文学”，与由于非殖民化过程而形成以自身为主体，而对周围文化以至世界文化和文学了解、学习和借鉴的各种文化是很不相同的。在《共产党宣言》中，马克思、恩格斯对前者进行了描述，并且肯定它在历史上的进步意义，但绝不等于说，他们要在将来实现这样的“世界的文学”。这种“世界的文学”与资产阶级对“野蛮人”的征服，与西方对东方的征服属于一类的情况。它使世界上的一切角落都卷入到文明的进程之中。这时，在这个过程中，殖民者带来“模范”，而那些“野蛮人”所提供的，只能是“其他”。

让我们再次回到人类学的思路上来。19 世纪的人类学致力于建立某种进化论的大框架，并将不同的民族文化安放在总的进化阶梯的不同台阶之上。20 世纪前期的一些民族志作者们致力于民族文化的记录工作，并通过田野工作积累了大量的材料。他们具有一种科学主义的追求，要研究具体生活方式，构造一个又一个自成体系的地方整体。从政治立场上，他们努力将自己描绘成“受到全球西化，特别是殖民主义威胁的文化多样”的拯救者①。从这个意义上讲，如果说这些人具有反殖民主义立场的话，那也应将他们仅仅看成西方思想内的后殖民主义者，这与超越西方中心的人类学立场具有根本的区别。

民族志研究的弊端由一些被称为“倒置的民族志”或“逆向的民族志”暴露出来。民族志的作者假定所研究的民族文化是一种封闭的、自成

① 这里的描述参考了 George E. Marcus and Michael M. J. Fischer, *Anthropology as Cultural Critique*(《作为文化批评的人类学》). Chicago: the University of Chicago Press, 1986. 中译本王铭铭、蓝达居译，三联书店 1998 年。这句话引自该书中译本第 46 页。

体系的文化。然而,一种绝对纯粹的,没有受到任何外来影响的民族文化从来就没有存在过。一个原始氏族的生活,本来就是一个不断与它所接触到的其他氏族交往的历史,而这种情况随着“整个世界不断‘收缩’成一个相互依存的世界体系”而变得越来越明显。在人类学界流传着一些荒谬的传说。例如,当一位人类学家要给一个当地人拍照片时,这个人会让他等一下,要去换一件民族服装来。这位当地人知道人类学家要什么,于是就按照人类学家的要求提供他所要的东西。类似的情况有,美洲印第安人为了回答人类学家的问题而去读阿尔弗雷德·克鲁伯的作品,非洲乡民读梅耶·福特兹的著作,而印度的托达族人在评述自己的文化时,向西方人重复英国广播公司的表述①。民族志越来越成了被研究者对研究者的“良好的”配合的结果,因而成了研究者自身文化观的折射。对于人类学家来说,这种结果当然是不幸的。被认定为纯粹的对象,其早就不再纯粹了。只有联系某一文化具体的历史情况,该文化与周边文化的关系,该文化受现代生活的影响情况等等,才能对这一文化有更为准确的了解。马尔库斯和费彻尔在转述沃伦斯坦(Immanuel Wallerstein)的观点后指出,“任何一个历史或民族志研究计划,只有把自己放在较大的世界政治经济历史框架中,才能获得自身的意义”②。意识到这一点,避免研究中的封闭性,才能找到正确的答案。

在这种研究中,需要注意的是,研究对象是正在生活着,正在不断地寻找自己的新的生活方式的一个具有主动精神的群体。民族志研究者所发现的一些民族的传统和特征,只是文本而已。这些文本作为符号,具有被动的性质。它们起作用的方式,是这些民族和文化中的人对于这些传统和特征的运用。从这个意义上说,一个当地人见到人类学家后回去换衣服,对于他自己来说,本来没有什么荒谬之处,因为这种服装确实已经成了他自身民族的符号。这与他们跳民族舞、唱民族歌时穿民族服装,与

---

① 关于这几个例子的详细描述,可见《作为文化批评的人类学》,第60—61页。

② 同上,第118—119页。

他们出席正式的场合时用民族服装来表明他的身份性质上是一样的。从陈永贵到阿拉法特再到卡斯特罗,他们的服装本身并无荒谬之处,那是他们的符号。荒谬的是人类学家的误读,他们以为这表明一种封闭的,异于西方的特性。正如马尔库斯与费彻尔在叙述了雷蒙·威廉斯(Raymond Williams)的思想后指出的,“世界各地的大多数地方文化,都是文化的剥削、抵抗和兼容史的产物”[①]。一个人受现代生活影响不等于他已经与自身的传统绝缘。相反,一个人保持传统也不等于他与现代生活绝缘。民族的符号已经成为在世界语境中的符号,既从属于民族,也从属于世界。人们以多种方式与传统联系。现代社会并不取消这种联系,相反,正是由于现代性的压迫,他们更加感到寻找自我的身份的必要。

马克思、恩格斯所描述的,体现出资产阶级会给在历史上起到进步作用的“世界的文学”,带来什么样的前景?在他们的著作中还没有表现出来。他们生活的时代,殖民的历史还没有结束,“民族的片面性和局限性”仍然存在。一百多年过去了。在资本带着强势的力量走向全球的今天,文学和艺术会怎么办?会建立什么样的“世界文学”?我们仍面临着两个选择,一是单数的“世界文学”,一是复数的“世界文学”。马克思、恩格斯讲“国际主义”,讲国际工人阶级的平等的联合,这可以理解为由资本带来的统治与支配力量的反作用力。这是一个很好的词。国际文化间平等的对话,从不同的文化视野中形成的不同的、复数的“世界文学”观念之间的对话和互动,应成为我们寻找不同文化之间文学与艺术价值观沟通的正确途径。

① 《作为文化批评的人类学》,第115页。

结语　复数的世界文学

在这里，我力图说明：文学艺术要从文化性与国际性这两个方面考虑。

文化性的意思是说，不存在永恒的、绝对的美和艺术标准，也不存在被解读为由历史发展阶段的特性决定的美与艺术的社会性。文化的因素不是一个可以省略的东西。并且，这种文化的特性应从两个方面理解：一是文化不是封闭的，而是一个流动的过程；二是文化中的个人，不仅是文化的载体，也将文化作为符号来解读和加以利用。

在国际性的术语之下，我想对“世界文学”的概念进行解读，说明不管歌德还是马克思、恩格斯，都只说了单数的“世界文学”。但这个概念是可以作复数的解读的。资产阶级上升时期的“世界文学”概念，与今天后殖民时期的“世界文学”概念，应该有根本的区别。这一新的“世界文学”概念，是世界各民族、各文化立足于自身文化立场而对全球文学的各自解读与接受。

第七章　论文学艺术历史书写中的双向互动关系

文学艺术研究中历史与理论，具有向着两个不同方向运动的潜势。历史是从古到今，理论则由今及古。历史具有按时间线索顺序叙述的特点，但历史又总是在一定理论所提供的框架中书写的。没有文学和艺术的观念，文学艺术的历史就不可能书写，而这种观念是理论探索的结果。理论不断地推陈出新，就会不断地出现对既往历史的重新解读。

一　文学艺术历史的纵向书写法

“史”意味着一种纵向的书写方式，无论是中国还是西方的历史都始终贯穿着一条清晰的时间线索。

文学艺术史写作的前提是对资料的充分占有，史家对史料怀有一种特殊的敏感。他们所占有和考察的资料来源广泛、类别丰富。

首先，无论从事何种艺术的研究，都需要熟悉作品。对于文学研究来说,要反复研读作品。当然,这不仅是对计量学意义上的阅读次数的强调,还要通过细读,对作品的内部结构和内涵进行挖掘。对于其他艺术门类的研究者来说,他们也要不断地接触作品。艺术史家及绘画评论家有强烈的真迹意识,他们反复观摩这些真迹以悟其真谛。电影、戏剧、舞蹈、建筑艺术和一些表现性艺术也需观看多遍。不但要多次观看,而且每次获取的信息不同。有时,第一次观看获得知识,第二次才体会到美。

其次,文学史家及艺术史家还要掌握大量的外围材料,包括作家艺术家的其他作品、同时代其他人的作品、作家艺术家的传记性材料,等等。对于从事文学史研究的人而言,讲究这种史料功夫,是治史的基本功。

近年来,另有一种史料功夫越来越受到人们的重视,这就是实地考察。文学史家不再仅仅满足于案头作业,而是将文字资料的研究与地理、风俗、人文环境等考察结合起来,与图片资料和实物的发现结合起来,这逐渐成为一种文学研究的流行方式。其他艺术门类的研究,也有一些相似的情况。绘画史家也致力于将绘画研究与实物结合,有些研究者实地拍摄画家笔下的风景,与画面本身相对照,这种有趣的研究受到了人们的欢迎。舞蹈、戏剧的研究也呈现出与民间艺术考察结合的趋势。

掌握外围资料的目的是什么?为什么艺术家的生活习惯和社会身份、家庭环境等值得人们关注?这些和他的创作以及他的艺术成就有什么必然的联系？这就涉及一个宏大的话题，即文学和艺术的概念是如何形成的，以及它们在历史中的地位是如何演变的。在西方古代，画家或雕刻家的创作个性是不受到重视的，在现代社会就变得十分重要。

文学史还要借助语境的还原实现其纵向书写，对艺术家所生活的时代、社会、政治等有着深入的把握，从而完成历史的还原，获得对作品深入的把握。如许多《红楼梦》研究者耗尽毕生精力考证作者的身世、生活经历和小说人物的原型。

近年来，有些学者提出文学史的写作要从“大时代”（即社会背景）直接决定或影响作品的传统写作思路中超越出来，深入艺术家所生活的小环境之中，从他们所属的阶层、特定社会氛围、交游圈中寻找他们的作品的合理性，而这些可能是对创作产生影响的直接因素。另外，现代还存在一种文学研究方式，即由文本走向精神领域，将文学艺术的历史看成精神史、心灵史。用我们今天的生活经验，我们对人性的了解，去揣测、体会前人或他人的作品，还原作品背后活生生的生活，完成对作品意义的阐发。

二　文学艺术史上的“进步”概念

在历史写作中，大量出现着见闻录式的文字。见闻录是否是历史？文学艺术的见闻录是否就是文学艺术史？以今天的标准来说，这也许是一个问题。不管人们怎么看，见闻录都确实具有重要的历史价值，并且，早期的历史著作，大都具有这种见闻录的性质。

见闻录具有抗遗忘功能，这当然是很重要的。它实现了对材料的整理，将它们从一个语境引入到另一个语境，从一个载体转换成另外一个载体，使一些史实得到了保存。没有这些记录，材料也许就会被遗忘，也不会进入今人的研究视野了。许多的历史写作，都具有这方面的含义。亚里士多德说历史“倾向于记载具体事件”[1]，就是从这个角度而言的。

但是“历史”的含义不仅局限于此，事件记录达到一定程度，必然会需要解释。有闻必录意味着不解释，但解释的要求一定会出现。也就是说，人们面对一批材料，自然就有解释的冲动，要求透过材料形形色色的表象，发现事物发展的某种连续性或因果性。因果性有种种情况，我们也许不能找出某种作为形式的历史因果性，从而形成某种历史决定论。对历史必然性的过度强调会导致宿命论。但是，一事物为其他事物的出现提供某种可能性而不是必然导致另一事物的出现，也就是说，某种弱形式的历史因果性还是可能的。

历史意味着时间，而这时间不仅仅是纯粹物理学意义上的持续。时间不是毫无关联的事件的序列，而是蕴含了某种过程，在这个意义上，文学艺术是否存在物理时间以外的“进步”，即一种由低向高的发展的过程？

文学史家和艺术史家致力于总结文学艺术随着社会的发展而向前发展的规律，寻找决定艺术发展进步的动因。这就带来了与“进步”相关的种种问题。

我们可以考察一种被称为形式的进步的观念。例如，诗歌的历史可以从形式的传承和革新角度来考察。人们总是通过背诵前人的诗句来学会写诗的，因此，在诗歌中有着传承关系。但是，诗人在传承的同时，也在求新求变。于是，诗歌的历史成为一代代诗人努力创造的历史。这种创造，可以体现在各个方面。形式是一个最明显的，可以用外在的尺度来衡量的标志。例如，诗歌的韵律，显示出不断进步的特点。因此，文学史家们常常以此为例，说明诗歌在一定历史阶段中的进步。但是，在这种诗人的有意识的创造背后，隐含着时代的因素，即对时尚的追求。不同时代的追求之间有差别，在这种不同质的追求中，文学确实在向前“发展”。这种“发展”是否能被称为“进步”，却是一个问题。从形式上说，在一定的

---

① 亚里士多德《诗学》第9章。见陈中梅译注本，商务印书馆1999年，第81页。

历史时期,确实反映出一种进步。技巧更纯熟,韵律的安排更精巧。但从文学价值的角度来衡量,问题就出现了。技巧上更纯熟的诗,不一定是更好的诗。诗歌的价值,并不仅仅,甚至并非主要由技巧来决定。

小说史中也存在着小说技法的学习与借鉴问题。故事的组织,叙事人称的选择,叙事焦点的安排,平面与立体人物的塑造方法与按照故事的需要对这些方法的使用,结构的把握,不同故事线索之间关系的编织,时间与空间的安排,结局的处理,心理描写、动作描写、场景描写的技巧,等等,这里面都有形式规律可学。这是一种累积性的、从简单到复杂的进程。在此进程中,后人的确从前人的作品中有所学习和借鉴,并将既有的技法向前推进。叙事学就是一种分析这些规律的学问。当然,不是所有的小说家都系统学过叙事学。小说作家不一定要对理论地总结这些形式规律的叙事学有理性的把握,但他们必须通过阅读小说,在模仿和感悟中掌握这些形式规律,而且在感性的过程中又有所改进和突破。有些研究者也以形式的演变为标准,专门研究作品形式的传承规律,而将"价值"暂且悬置。但是,小说技巧的进步,不等于小说的艺术价值的进步。最好的小说,并不是技巧上最成熟的小说。

绘画中有图像学的传承关系。画家要学习既有的绘画,特别是学习一些已经成为典范的名画。在对名画的临摹中学会一些图像构造方面的技巧。画家在学习过程中,会有所创造,为造像活动中的一些具体的问题提供新的解决办法。由于这个原因,绘画具有造像术意义上的历史。绘画形式的发展,都是画家有意为之,是形式探索的结果。然而,我们对绘画的评价,并不是认定绘画在造像术意义上越成熟,绘画的艺术价值就越高。正好相反,我们常常会得出这样的结论,一种风格的绘画在发展到一定阶段以后,就会走向衰弱。这时,技巧愈成熟,却愈显出衰败之象。

其他的艺术也是如此。例如,音乐中有和声、对位技法的传承和发展,建筑有形状与材料的关系方面的处理能力的积累。写一部艺术史,需要考虑在一些特定历史时期,人们掌握了哪些形式和技巧,艺术家是怎样继承和发展这些既有的艺术手段的。离开这些形式的艺术史，就会使艺术的写作流于空洞。但是，只是探讨这种形式史，又会使艺术史写得太抽象，离对艺术的价值评价太远。

以上的例子可以说明，艺术中形式史意义上的进步是存在的。从草创到成熟再到变异，构成了形式的一般发展历程。这一历程在不同的艺术门类、不同文化中，有着不同的表现。但是，更为重要的是，我们必须认识到，这种进步并不等于一般意义上的艺术的进步。形式上走向成熟，不等于艺术价值的提高。形式上成熟，有时与艺术价值的提高呈现出同步性，有时则正好相反。

除了上述形式上的进步，还有与文学和艺术的存在环境有关的技术上的进步。这个问题在过去的文学史和艺术史研究中被当作外在于艺术而遭到忽视，现在则逐渐受到了人们的重视。

在文学上，近年来一些文学史家专治口传文学史，他们认为文学中存在着大量的以口传为媒介的文学形式。这些研究在今天当然是有必要的，对于发展文学研究来说，也是很重要的。但是，这种研究不能导致我们否定一个基本事实，即文字的出现对文学形成的重要性是无可比拟的。文字的出现与文明的形成有着密切的关系，文字的文学对于口传的文学来说，是一个巨大的进步。今天有人谈图像转向，讲图战胜了文，这是夸大其辞。在当今世界，文字书写的时代也远没有过去。印刷和正在发展的网络对文学都有重要的影响。西方印刷术和印刷业的发展导致了小说的流行，也直接影响了西方人的阅读习惯。网络的普及改变了人们的阅读方式，大量快餐性、及时性以及反馈性的“新文本”被生产出来。

在绘画领域，照相术的发明对绘画的发展意义重大。当照相替代了过去绘画所具有的许多功能以后，必然会在绘画领域带来某种变化。相对中国古代绘画不求形似的状况而言，传统的西方绘画注重对形的再现，透视法和解剖学是影响他们这种艺术观的核心因素。焦点透视发展的极致就形成了照相术。当照相术被普遍运用后，像以前那样以科学的手段构成绘画的方法慢慢地就被人们放弃。

电影、电视对戏剧的影响更是显而易见。CD 等现代科技对音乐存在形式也有影响。电影、电视以及网络等媒体的扩张形成了巨大的文化产业,它改变了文学和艺术的生态环境,导致了全行业整体的变革。这一切都说明确实存在着一种技术的进步,而这种技术的进步对文学艺术的发展有着深远的影响。

本雅明的名著《机器复制时代的艺术作品》讨论了现代工业的出现所带来的艺术性质的变化。我们今天来到了电子时代,数字电视、互联网必将对艺术产生更加深远的影响。技术总是在日新月异地向前迈进。从这个意义上讲,文学艺术是在"进步"。但是,将文学艺术的"进步"归结为技术的进步,必然会在文学研究界遭到激烈的反对。不管怎么说,这种"进步"是一种外在于艺术本身的进步观念。技术不能取代艺术,尽管它可以为艺术提供基础。

19 世纪,黑格尔提出了一个"普遍进步"的观念。所谓的"普遍进步"不同于上述各种进步,是指统一的精神史意义上的进步。

这一观念建立在黑格尔理念论的基础上。黑格尔认为,理念要经历由自然界到人类社会,再到精神领域的自我展开过程。这是一种神话般的假想,神话是必然要破灭的。但是,我们在"扬弃"了他思想中的神话因素后,还能找到许多有价值的"合理内核"。他的这种"普遍进步"的观念还是值得我们关注和深思的。不同的精神生产部门,如艺术、哲学、宗教,实际上是一个整体。艺术只是不同的精神生产门类中的一种,它可能会被其他精神部门所超越。从这个意义上讲,艺术会面临终结。艺术的终结并不是说艺术将消亡,而是说它在精神领域的主导地位会让位于其他的精神生产部门。由此,黑格尔带给我们一种总体性的进步观念。在他那里,这种进步是由理性的发展所推动的。由于他的这种发展着的理念,世界有了一个总体性的历史。当我们要"扬弃"这种理念时,自然会提出这样一个问题:如果没有这种理念,一种总体性的进步还存在吗?

中国的文学理论界在讨论“进步”观念时，当然绕不开马克思在这方面的论述。马克思在《〈政治经济学批判〉导言》这部生前未发表，也没有准备发表的手稿中，提到了物质生产的发展同艺术生产的不平衡关系。他写了这样的话：“进步这个概念决不能在通常的抽象意义上去理解。”[①]我们知道，马克思坚持唯物史观，认为经济基础决定上层建筑，精神生产以物质生产为基础，随着经济基础的变更，精神生产或快或慢地会产生相应的变革。这当然不是一种简单的经济决定论，物质生产与精神生产之间不存在简单的正比关系，马克思也列举了大量的文学艺术的史实来说明二者之间关系的复杂性。

文学艺术领域不像自然科学领域，无法断定某种艺术种类是否“过时”，或者说我们无法将“过时”这个判断强加给文学艺术。进步概念是复杂的。也许，我们可以说，文学艺术从总体上说是“进步”的，但“进步”是指文学的发展适应了新的社会和时代，尤其是与政治、经济的发展相适应。于是，一个时代有一个时代的文学。这是一条标准。另一条标准，是要解释，古代的文学和艺术，例如马克思所讲到的希腊艺术的永久魅力的问题。从小孩长成成人，当然在身体和心理方面都有了成长，但马克思指出，正像我们看到健康正常的儿童的种种表现而感到愉快一样，希腊艺术对于我们有长久的魅力。从这个意义上说，马克思还是承认，艺术从属于它所产生的时代。这就告诉我们，在判断文学艺术时有两种尺度，一个尺度是时代的尺度，即判断文学艺术作品从属于人类社会发展的哪一个阶段，另一个尺度是艺术在一具体历史阶段的繁荣和发展的程度如何。这样一来，前一个尺度将艺术最终归结为社会史而非艺术本身的历史，后一个尺度从属于历史但本身却是非历史的。

---

① 马克思《〈政治经济学批判〉导言》(1857 年 8 月底—9 月中)，见《马克思恩格斯选集》第 2 卷，第 112 页。

三　逆向文学艺术史的可能性

历史叙述并非有闻必录,任何史家都有主观意识,他们实际上都有意无意地进行着选择。

文学史家所面对的,不是有限的材料,而是在面对实际上几乎是无限的材料,并且自觉或不自觉地按照一定标准进行选择。有一种普遍的观点认为,一切历史都是当代史。这就是说,标准具有当代性。选择是依据当代形成的标准对过去的选择,而且标准会随着时代的改变而改变,没有一成不变的标准。

随着标准的改变,历史也在不断被改写。文学艺术史上总是不断上演这样的一幕:一部作品在出现时不受人们重视,作家艺术家在世时遭到冷遇,死后却时来运转,受到普遍的欢迎。

在文学史上,《楚辞》的地位在汉代才确立,这与汉代统治者出于楚地有一定的关系。陶渊明在文学史上地位的变化是一个有趣的典型。钟嵘《诗品》对他的评价较好,称其为"古今隐逸诗人之宗",但也只是众多好诗人之一,并且也不属于主流。杜甫《遣兴》中有这样的诗句:"陶潜避俗翁,未必能达道。观其著诗集,颇亦恨枯槁。"评价一般。直到苏轼才作出这样的评价:"渊明作诗不多,然其诗质而实绮,癯而实腴,自曹、刘、鲍、谢、李、杜诸人,皆莫及也。"(《与苏辙书》)有了这个评价,我们可以将陶渊明列入中国最伟大的诗人之列了。

《红楼梦》被奉为经典也经历了漫长的历史阶段。曹雪芹在世时默默无闻,很少有人有兴趣记载这么一个穷困潦倒的作家的身世,因此,我们今天为曹雪芹写哪怕一个小传都很困难。《红楼梦》的地位,在近代才确立起来。这与中西文学开始交流有关。

文学家生前死后地位不同，随着社会的发展，文学家的遭遇不同，在西方也是如此。莎士比亚生前从剧院做杂工，到当演员，最后当了剧本写作者，并没有进入当时的文坛，死后才出了名。到了19世纪，常有一些短命而死，死后又突然成名的诗人。

在艺术史上也有类似的情况。在南齐时的谢赫所著的《古画品录》中，顾恺之只列入第三品，而到了唐朝张彦远著《历代名画记》时，顾恺之就成了至高无上的艺术典范。在艺坛上，吴道子与王维之争，也是一个奇特的现象。在张彦远的《历代名画记》中，吴道子是与顾恺之、陆探微、张僧繇齐名的一代大师，而王维仅仅是众多较好的画家之一。到了苏轼的《题王维吴道子画》中，出现了这样的翻案文字："吴生虽妙绝，尤以画工论；摩诘得之于象外，有如仙翮谢笼樊。吾观二子皆神俊，又于维也敛衽无间言。"王维被列于吴道子之上。

从这些例子中我们可以看出，文学和艺术的历史可以被改写，而且确实是在不断被改写着。这种改写与一个重要的理论问题，即经典化有关。经典化并非文学艺术的历史随着时间的推移自然形成的过程。正好相反，任何时代的人对过去作品的接受都是有选择的，是一种当时趣味与作品中体现出的趣味的相互契合和相互作用的过程。一方面，过去留下来的优秀作品本身会具有艺术魅力，吸引后世的人欣赏它、模仿它。但另一方面，当代的艺术趣味会在欣赏中起作用，形成对过去作品的看法和标准。这种标准一般不以抽象的定义、规则以及一些可度量的标准出现，而是以对过去作品的评价的方式出现。当我们阅读文学或艺术的历史著作时，发现常用的写法是对相关时代中重要作家和作品进行评述。这种评述所选择的重要作品，具有能对一个时代的文学艺术特征作举例说明的特点。更进一步说，举例说明的，是后人对前人的看法和见解。当我们说，一代人有一代人的文学和艺术时，我们可以将这种观点作一个延伸，看到这样一个事实：一代人有着他们对前人作品的看法。

人们对前人作品的看法，体现在对被认为是最优秀的作品之上，就出现了经典化的现象。正如前面所说,经典化的结果是不可预测的。比方说,我们很难说,今天的文学艺术作品中,哪些会在后世成为经典。我们进行着种种评奖活动,这些评奖活动可以看成一种经典化的努力,但不一定能达到经典化的目的。经典要经过时间的考验,但时间不是一个价值中立的筛子,而是各种当代价值的竞技场。在经典化背后,有着各种动机,有着许多现实的指向性。经典借过去影响现在,但正是由于它们有着影响现在的功能,现代价值被糅了进去,从而反过来对经典化过程产生影响。从这个意义上说,当我们书写文学史时,有着一个由今及古的过程。

我们有着与文学艺术历史相伴的另一种历史,这就是文学艺术理论的历史。这种理论的历史,有着与文学艺术的创作和欣赏活动相适应的一面。这种相适应,形成一种纵向的历史。但同时,它们也有着作为理论的创造而影响文学艺术的创作和欣赏活动的一面。

20世纪中叶出现的西方分析美学家们,主张一种三层结构,即对文学艺术作品的欣赏所产生的经验,建立在这种经验基础之上的文学艺术批评,以及对这种批评所使用的术语辨析。美学或艺术哲学属于第三层。处于这第三层的人的活动,具有间接性和被动性,正像建一座三层大楼一样,要从地基(作品)、第一层(经验)、第二层(批评)开始,最后才能建到第三层(理论)。文学艺术随着历史发展而产生变化,理论也相应地发展和变化。

这是一个简明的关于经验、批评和理论的图表,可以说明许多问题,但也有可能掩盖另一些问题。以间接性面貌出现的理论,对于文学艺术的历史写作来说,却可能具有一种直接性。间接性的意思是,对存在着的事实提供解释,但只要解释达到理论的层次,就会超出对具体事实的解释的范围,而有着对普遍性的追求。当人们通过分析,形成一些理论层次上的概念的时候,这些概念同时也适用于其他时代的艺术事实,于是,人们通过这些概念,形成了对文学艺术的历史的认识,从而开始了文学艺术历史的写作。理论的发展积累到一定的程度,与根据旧理论形成的历史书写的文本产生矛盾，又会出现对历史进行重写的要求。这就是我所说的历史的逆向书写。这不是说，要依照从今向古的方向来书写历史，而是说，后形成的理论会形成历史书写的框架，对历史起构建作用。这时，理论就具有了直接性和主动性。在理论的构建下，历史的书写成为可能。

四　现代艺术体系和概念的形成对历史书写的影响

将我们这里所表述的意思再往前推进一步，我们会发现，我们关于文学艺术的历史书写并不是从来就有的，而是在近代社会才出现的。在近代，出现了一种对文学艺术理论的构建过程，这一过程表现为现代意义上的美学和艺术体系、艺术概念的形成。

正如前面所说，从某种意义上说，理论的历史是伴随着文学艺术的创作和欣赏实践的历史，随着这种实践的发展而发展。因此，理论有着一个渐进的发展的过程。但是，将理论发展的过程看成这样一种平稳增长的过程，并不符合理论发展的实际。实际上，在欧洲，我们可以从古希腊思想家们那里找到一些对文学和艺术的论述，这些论述非常接近一种现代意义上的美学和艺术概念。但是，在那时，它们也只是非常接近而已，真正现代意义上的美学和艺术概念并没有形成。当这一黄金时期错过以后，世界就需要等两千年才重新达到当时美学和艺术论述所达到的思想高度。并且，非常幸运的是，这一次欧洲人抓住机会，超过了那个高度，创造了现代的美学和艺术理论。

18 世纪的欧洲是一个“美学”形成的时期，法国和英国的种种思想最后汇集到德国的康德那里，最终形成了现代意义上的美学、艺术体系和艺术观念。这些概念为从 19 世纪开始出现的大量有关文学史和艺术史的写作奠定了基础。当我们要写艺术史时，首先要明确的是：什么是艺术；

同样,当我们要写文学史时,也要以对文学的认识为前提。不仅如此,认识到文学和艺术都是值得花费工夫来进行历史写作的对象,也是思想发展飞跃的标志。

今天对于我们来说,“美学”和“美的艺术”概念,已经成为一些有待于超越的概念。但是,我们不能由于这种超越的冲动而放弃对历史阶段性的认识。恰恰相反,当我们谈论种种“终结”概念时,有必要对即将“终结”的种种概念是如何起源的这一问题有一个清醒的认识。这些概念都是在“现代性”的大框架中形成的。没有这些现代观念,就没有文学艺术历史的写作。同样,也只有在这种认识的前提之下,我们才可能意识到这种写作所具有的种种历史局限性。

结语　理论与历史书写的双向互动关系

理论是对历史的回溯。没有历史,就没有理论;同样,没有理论,也就没有历史的写作。我们要特别重视的是从 18 世纪到今天仍有影响的现代文学艺术的理论,尤其是现代艺术体系和艺术概念,分析它们是怎样使文学艺术的历史写作成为可能。对于中国人而言,这种现代理论构造的发生时间要更晚,在 20 世纪才出现,然后才产生写作文学史和艺术史的冲动。从这个意义上讲,历史写作本身具有双向性:一方面,历史具有从古到今的性质;另一方面,由于理论的构建作用,它同时也有从今及古的特点。正是由于有了对文学艺术的理论反思,才出现了为文学艺术进行历史溯源的意识。更进一步说,将文学艺术的历史写成什么样子,也受着理论形态的支配。

第八章　文学理论的历史如何成为可能？

文学理论的历史，比起文学的历史来说，具有进一步的复杂性。文学艺术的历史书写，与相应的历史观具有相互依存的关系。那么文学理论的历史，就又多了一层关系。它一方面是依赖于文学本身的发展，是一种次生的历史；同时，理论本身又有着自身的继承性。

一　文学史如何成为可能？

谈论文学理论的历史，还是要从文学的历史说起。这是一个大问题，前面已经谈到，但我仍然想在这里作一复述。学界都熟悉亚里士多德的名言，“诗倾向于表现带普遍性的事，而历史却倾向于记载具体事件”①。这个说法受一种“三分”的逻辑支配：历史等同于个别，哲学等同于一般，文学等同于通过个别显现一般。从这个意义上讲，比起历史来，文学更接近哲学。文学

① ［古希腊］亚里士多德《诗学》第9章，陈中梅译注，商务印书馆1999年，第81页。

难道不能描绘个别的事物吗？亚里士多德没有说不能，他说的是，这种个别中要反映普遍性，使人相信它是可能的。这是说，将对事物的规律的认识，用生动具体的例证展现出来。

这一表述，在后世受到质疑。例如，历史是不是只是显现个别？历史也在揭示规律，而不是历史事实的罗列。对史实的记录，是历史学需要做的事。但何谓史实？选取什么样的史实？怎样对史实进行整理？这些问题在历史学家那里有着很多的争论。我们会发现，最早的历史是政治史，是王朝更替、上层斗争的历史。只是后来，人们才开始关心经济、社会、文化史的研究，进行各种资料、数据的搜集，以及将视野投射到民间，进行各种口述史的实录，等等。历史学的发展日新月异，与亚里士多德式对历史的描述，已经完全是两回事了。我们不能根据亚里士多德的描述来对历史这个学科定义。但是，我们能够据此理解，在亚里士多德那里，就有关于一般与个别的两分，并且，比起个别来，一般更重要。学术研究有着一种朝向一般的趋向。由此，生长出众多的理论难题来。

在此，我们跳跃到这样的话题上来：文学的历史如何成为可能？文学史不能只是文学现象的实录。许多文学史研究者搞资料搜集，编辑文学家年谱，编辑一个时代的文学编年史，编辑一些重要文学家的资料长编，进而编辑文学家的文集、全集、选集，进行注释和赏析工作。这些是不是文学史研究？他们的研究是否应该被视为文学史研究的成果？如果具体到对这些研究者的成果的评价上，他们的研究当然得被列为研究成果。一些资料书对后续研究者的作用，可能比许多的研究论文还要大得多。这些成果还成为许多重要的文学史研究家立身扬名的基础。于是，这个等号就在实际操作层面被划了出来。即，这些成果是文学史家的研究成果，这些成果对于文学史研究非常重要，于是，它们就是文学史研究成果。对于这个结论，我仍想提出质疑。这些操作层面所作的区分与我们对文学史概念的探讨不是一回事。所有这些资料性的研究，都要为文学史研究服务，但是，它们并非天然就是文学史研究的一个组成部分。

文学史研究，要研究文学发展或变化的规律。具体说来，有一个问题很重要：文学在历史上是否“进步”？文学是按什么轨迹发展？我们说，一代有一代之文学。那么，文学是进步了，还是只有变化没有进步？在这里，涉及几个概念：发展、持续、变化。发展的意思是说，可能性被展开；持续的意思是说，一个存在的事物继续存在；变化的意思是说，一物随着时间的推移而不同，但不一定朝着一个方向前进。历史是对这种随着时间的推移事物变化规律的探讨。这种探讨需要寻找和建立座标系，根据这种座标系来标志事物的发展和变化。

文学史能否理解成语言媒介的历史？这是我们所面对的第一个问题。中国诗歌从四言，到五言、七言，呈现出一个越来越复杂的趋势。一些研究者曾经认为，随着社会生活的发展，所要表达的思想感情越来越复杂，因此，字数就变得越来越多。但是，这种理解其实并没有回答这样的问题：四言之前是否真的有一种二言诗？尽管有人这么设想，也找出了一些零星的证据，但总不那么确实。还有，为什么此后没有九言、十一言？相反，从句有长短的古风，到整齐划一的唐诗，到复现长短句的宋词，到句式更加自由的元曲，发展轨迹其实并无一定之规，更多地呈现出的是变化。我们在一定的时段中，可看出发展的痕迹，从生拙到圆熟。但是，圆熟并不一定优于生拙，如果从长时段考虑，显示出的只不过是变化而已。

同样的情况也表现在叙事性文学作品之中。从一开始的简略到后来的复杂，似乎是在发展。如果我们拿着清人小说与唐代传奇给未受训练的孩子看，他们会毫不犹豫地告诉我们，清人比唐人更会讲故事。讲故事的能力，当然是在发展着的。过去的几十年，中国的小说家讲故事的能力就有了很大的发展。莫言说他向《聊斋志异》学习。他铺陈故事的能力当然要强于蒲松龄，这就是发展。跨越了时空，就具有不可比性，但又是可比的。前人只给你以引导，你如果不超过前人，就没有进步可言。

谈到小说，研究者们立出了标准。例如，莎士比亚用词很多。但用词越多越好吗？列夫・托尔斯泰、巴尔扎克、曹雪芹这些作家笔下人物多，而且生动。但人物越多越好吗？从叙事学的角度来看，可以找到许多的标准，例如，性格的扁平与圆整、性格的固定不变与成长变化、人物间的关系复杂多样、情节线的编织、故事的时间与情节推进的节奏的把握，等等。从这些方面，可以找到许多进步的标志。有些作家本来不太会讲故事，后来学会了；有些写作的技巧，作家过去不会用，后来学会了，用得越来越成熟。这些都是进步。但是，并不是叙事技巧采用得越多，作品就越好。

怎样成为好作家？是不是有什么诀窍？也许是有的。但是，如果提升到这样一个程度：怎样成为一个伟大的作家？那么，任何关于诀窍的谈论，似乎都已失去了意义。成为伟大作家是需要天才的，天才超越一切技巧和诀窍。康德说过，天才不是遵循规则而是制定规则[①]。在文学史上，天才是成串地来的，又是成串地去的。天才来了，不等于那时的技巧就纯熟；天才去了，再有好的技巧也没有用。成就文学的辉煌时代的秘密不可寻，但文学史家们不能无所作为。

马克思曾说："进步这个概念决不能在通常的抽象意义上去理解。"[②]那么，应该怎样理解？一个可能是联系社会生活来理解，但那等于把文学的进步化约为社会的进步。社会进步了，于是文学跟着进步。再现性作

---

① 参见[德]康德《判断力批判》第46章。中译本请参见[德]康德《判断力批判》，邓晓芒译，人民文学出版社2002年，第151—152页。

② [德]马克思《〈政治经济学批判〉导言》(1857年8月—9月中)，《马克思恩格斯选集》第2卷，人民出版社1972年，第112页。

品依据外部生活来确立进步,即看文学所反映的生活的进步来确定文学的进步。与此相反,表现性作品则言志缘情,古今一律,只是从“言何志,缘何情”来看待文学的进步。黑格尔的模式提出了理念的进步,这是对历史的拯救。他强调一种总体上的进步,认为世界是由于理念本身的进化与展开造成的。但是,这种观念太抽象了。由此他归结到一种历史的生物学比喻,即精神生产形式的“生老病死”的可能性。在文学中,在各种文学样式,在各种文学流派和写作方法中,有着自身的历史,即自身的“生老病死”,有着文学的终结与再生的各种可能性。

从这个意义上来讲文学史的可能性问题。它不是单数的文学,不是一个民族、一种文学样式、一种文学上的美学的追求、一种叙事方式,而是作为总体的文学的综合发展、融合、演化,与各种具体的文学样式和文学观念的生长和消亡之间的张力关系,其间的各种可能性,各种巨大而人力不可抗拒的趋势与各种微小的偶然机遇所形成的文学故事之间的相互作用,形成丰富而生动的文学史。文学史在这个意义上成为可能。

二 文学理论史的依附性与独立性

文学理论史从一开始就具有双重的性质。首先,文学理论本身就是关于文学的理论。有一段时间,有人提出,要建立没有文学的文学理论,这本身已经成了笑话。没有文学,哪来的文学理论。文学理论建筑在文学的基础之上,与对文学的论述、评论和思考有关。“理论”(theory)在希腊文中的本义,是 look,只是后来,才发展出 comtemplation,以及 mental conception 的义项。由此,理论对于世界来说具有依附性,而文学理论则对文学有依附性。在这里,可以用“毛”与“皮”的关系来比喻,文学是“皮”,关于文学的理论是“毛”。皮之不存,毛将焉附?中国古代有“诗话”“词话”，有文章的评点，有小说的评点。这些形式将文学与评论的关系展现得很直接。评论是针对某一句诗，小说中的某句话，某个人物的某种表现，等等而言。现代文艺学，与哲学、宗教、美学联系在一起，同时也探讨其与历史、社会学、人类学和经济学等学科的关系，试图进行理论建构，完成自身的逻辑统一性，从而拉开了其与文学的批评实践的距离，但这一事实并不否认文学理论最终还是关于文学的理论。没有文学的文学理论，就像使毛离开了皮而独立起来。羊毛离开皮独立，可以编织成花式繁多的羊毛衫，虽然好看，终非活物。

文学理论对文学的依附关系，当然影响到文学理论史与文学史的关系。那么，是否因此就可以说，文学理论的历史对文学史也是一种单向的依附关系？不能，这里实际上存在着的是双向建构关系。文学形成关于文学的理论，而人们又是根据文学理论所形成的对文学的认识来书写文学史的。

首先，试图给文学写史，这本身就是文学地位的体现。世间万物，值得写史的并不多。为一人一事一物写史，说明此人、事和物的重要性已经达到了一定的程度。许多古代工匠做了许多非常精美的器物，但这些工匠不但没有人给他们写史，连名字也不能留下来。秦俑留名，不是为史。由此我还想到那篇著名的散文《口技》，“京有善口技者”，但他叫什么名字呢？不知道。我们在《庄子》《墨子》等许多古书中，也有许多奇技的记载，但这还不是史。解牛的庖丁叫什么名字，庄子没有记载，他是以解牛为例说别的意思，不是要记载解牛本身。

其次，文学史的不断改写，也是关于文学的理论探讨有了发展变化的结果。例如，哪些写作属于文学，不同时代人们的认识不同，于是，在史书中反映就不同。中国古代重诗歌散文，谈诗歌散文的就比较多，谈小说戏剧的就少。一些古代小说名著，作者的名字、作者的身世，都很不清楚。原因就在于，他们在自己生活的年代，并不受人们的重视。这些都与文学的观念有关。理论调节人们的注意力，使有些文学作品进入史家的视野，有些被摒除在外。

再次,文学理论形成关于文学价值标准。这在对近现代和当代文学的评价中,显得更加明显。不同的历史时期,入选文学史的作家作品,以及对这些作家作品的评述的篇幅、角度以及评价都不同。

我们记得曾有过多次的"重写文学史"的呼吁,新的文学史也被一次次地写出。在这背后,有关于文学的观念、理论和视角的变化,由此带来标准、尺度、方法的变化。

如果进一步思考,我们可以这样说,文学本身也是一种建构。有人说,民族是"想象的共同体"。如果这种说法对于民族能够成立的话,那么,对于文学来说,这种说法就要一百倍地成立。民族有人种、血缘的依据,更重要的还有历史延续性因素,非想象的经济和政治因素,等等,这一切都难以解构,在制约着"想象的共同体"的说法。对于文学来说,这一切都不存在。将一些写作看成文学,而将另一些写作看成不是文学,似乎全凭"想象",并且不同时期有不同的想象。前面说过,从以诗文为重,到小说戏剧的加入,是一变。其实,书信、公文、节庆丧葬的祭祀文字,及其他各种各样的实用性写作,都不是与文学天然绝缘的,其中许多都有文学性,甚至是美文。给朋友、敌人、妻儿、父母的信,都能成为文学作品。近些年,又有大变的趋势。古代的史传,被说成是史传文学;当代的博客或短信,被命名为博客或短信文学。还有各种各样的文体的突破、交叉、创新。这些新的形式引发着理论的思考,通过理论的论证,文学的范围又不断扩大。有人说,这是新写作方式的出现,与理论无关。这种说法是不对的。新的写作引发了思考,但成为"文学",应该是有门槛的,这个门槛是理论打造的。由于理论的工作,一些新的写作样式被人们当作"文学"来关注,被授予"文学"的资格,被纳入到"文学"这个"想象的共同体"之中。

到此为止,我们只是谈论了文学理论对文学史的建构作用。那么,我们怎么看待文学理论的历史呢?一种可能的选择是,文学理论并没有独立的历史,它只是文学史的一部分。我们可以将文学史看作文学的创作、接受、批评的综合体,理论包含在其中。当我们读历史上的一些文学作品时,作家的论述,同时代人和后人对作家作品的批评,都是很重要的,也应该读。文学理论影响了人们对文学的接受,从而影响了文学的发展走向,它们本身已经成为文学史的组成部分。这些批评都是对作品的批评,这些理论都是关于作品和文学现象的理论,离开了作品和文学现象而独立地看,很可能就失去原有的意义。

我们常常问一个问题:一个国家、一个民族的伟大的文学传统,是如何形成的?这是一个巨大、复杂,因而极难回答的问题,受着多种因素的影响。一下子出现成串的天才,造就文学的黄金时代,从而形成一个民族的伟大的文学传统,这当然是由于各种机缘,形成了天才出现的土壤。在这里,一种恰到好处的理论的建构和对理论的理解、信仰和追求,与其他因素一同起着作用。我们在这里可以坚持,理论不应该被分开,它只是影响文学发展的多种因素之一,从来没有单独起作用。并非理论化的程度越高就越好,过度的理论化,只会扼杀而不是培育文学的创造力。但从另一方面讲,一些理论学科的历史,从来都是这样。我们不能说,由于它们是社会生活的一部分,就说我们不能在思想中将它们抽象开来,描述它们的历史。我们不能离开生活来抽象地讲哲学史、美学史、伦理学史、心理学史,甚至经济学和社会学史也与生活的其他方面有着千丝万缕的联系。一些专门学科和人的专门活动的历史的写作,都只能通过将在生活本身中不能分开的事物,在思想中努力分开,从而完成一种活动。文学理论的历史,也只是在这个意义上,才成为可能。然而,我们的叙述还不能到此为止,文学理论史的存在,还有着其他的多种理由。

三　从理论到文学理论

如果我们进一步考察文学理论,就会发现,它并不只是在一个维度,即文学的欣赏和批评的维度上建构起来的。那种要建立没有文学的文学理论的观点是错误的,但在起源时期,文学理论却起源于并非专属于文学的理论。文学理论从起源上说,是从原有的元学科分化而来的,而非凭空建构起来。这也就是说,先有理论,然后才有专门的文学理论。

古典的关于文学的理论论述,与哲学和宗教有着密切关系。当我们谈论柏拉图和亚里士多德对文学理论的贡献时,我们意识到,在历史上的轴心时代,所有的大思想家们,都没有把自己局限于某一个学科。他们的思想,后来被不同学科继承和发挥,成为这些学科的源头。欧洲是如此,中国也是如此。我们也同样谈论孔子、老子的文艺思想。在那个时代,关于文学的理论,与关于其他学科的理论是一体的。

对于文学理论从古代向现代转换,有一种总结,将之看成从“诗文评”到“文艺学”的发展。这种描述当然从总体上讲,是符合观察的结果的。古代形态的文学理论直接来自于对作品的创作与欣赏,与作品有着直接的关系。这种“诗文评”还不是文学理论,我们姑且将之称为文学理论形成前的文学理论。现代形态的“文艺学”,则比“诗文评”完整、全面。但是,“文艺学”并不只是来源于“诗文评”,它至少还有另一个源头。

现代文学理论的形成,呈现出哲学家的文学思想与这种“诗文评”相交汇的特点。我们不仅要看到从“诗文评”生长出“文艺学”的一面,也要看到来自柏拉图,托马斯·阿奎那、康德,以及众多现代思想家对文学理论的贡献。读歌德的谈话录与读康德的《判断力批判》,会给予我们不同的感觉。两者都很重要,两者都对现代文学理论的形成,起着重要的作用。

同样的情况,在中国也存在。我们在有关孔子、老子、墨子、庄子、荀子的书中,在历史上的一些重要政治家兼思想家的言论中,都发现了许多关于文学艺术的言论,这些言论不是评论诗和文,而是谈论文艺与社会生活、政治、历史,以及与人的内心的关系。这些思想影响深远。后来汉代的经学家们,唐宋的思想家和文人政治家们,都有很多关于文学的论述。

他们所说、所写的东西涉及了文学,但不一定是对文学作品的评述。他们大都是谈论别的什么东西,对文学产生了影响。

从这个意义上讲,现代文学理论是思想的汇合形成的。哲学家、思想家、政治家,以及在其他领域活动也关注文学的人,与文学家、文学批评家汇合,从而产生一种文学理论的知识。当然,我们不能产生这样的想象,仿佛他们要聚在一起,成立一个课题组,进行集体攻关,于是一门叫作“文学理论”的学科就此成立了。这种想象是可笑的,历史上从来没有出现过。实际上所存在着的,恰恰是不同的人在涉及文学和艺术理论时的竞争关系。竞争各方常常表现出强烈的敌意,但最终在文学理论的形成中,形成互补的作用。

在古希腊,曾有过著名的“诗与哲学之争”。用一些美学史家的说法是,存在着一个“敌视艺术的早期思想界”①。一些早期的思想家们,都排斥文学和艺术。柏拉图宣布了诗的两大“罪状”:第一是不能揭示真理,是“模仿的模仿”,从代表真理的“理念”数起,已经是第三层,真理的信息被损耗;第二是专门模仿灵魂的低下部分,以吸引读者和观众,即戏剧中专门写凶杀乱伦的题材,刺激低级情欲。我们知道,黑格尔提出艺术、宗教、哲学三层次,提出艺术的时代最终被宗教和哲学的时代所取代,从而艺术要终结。这种观点,其实在柏拉图那就已经存在过。诗与哲学之争,在柏拉图那里,是想用哲学来取代诗。

在中国,也存在过“敌视艺术的早期思想界”。墨家、道家、法家都反对艺术,去奢、静心、合度,都成了理由。诸家对艺术的决绝态度,衬显出儒家对艺术的宽容,但这种宽容,源于政治功利主义。诗要温柔敦厚,乐与礼相配以实现“乐治”,所有这些都不是对文学艺术的观察和评述,而是选择与使用。

随着社会的发展和思想的发展,“思想界”不再对艺术“敌视”了。希腊的亚里士多德与中国的儒家就不再“敌视”,但是,文学艺术的从业者

---

① 参见鲍桑葵《美学史》,张今译,商务印书馆1985年,第15—23页。

和思考者之间的分离仍然存在，并长久地保留着。这就是对艺术的参与的态度与旁观的态度。我在别的地方，曾经谈过西方思想中从毕达哥拉斯就有的“旁观者”传统，这里不再重复。文学家和艺术家是参与者，思想家是旁观者。旁观者要不动情地、研究性地、无功利地观察，由此制造出理论来。

这里涉及一个问题，即怎样看待文学经典。文学经典主要是由思想家树立起来的，其根源仍在于旁观者与参与者的对立。“参与者”也需要经典，但更重视活的文学，而“旁观者”则主要利用经典来表述自己的思想，用树立经典、批评当下的方式，形成自己的立场和话语。死经典与活文学的对立，呈现为文学的内部运动，却迫使有关文学的争论向着其他领域展开。

四　两重因素的结合方式

我们已经确立了文学理论的双重来源，即文学作品评论和思想家对文学的思考。前者更多地表现为作家对创作的经验谈，对文学的感性见解，也包括一些关于文学的思考，当然，也包括一些不是严格意义上的作家，而是一般意义上的文人的论述。后者，则是一些思想家对文学的思考、分析，更重要的是这些人试图将文学与其他学科联系起来的努力。这些人是学者、思想家、哲学家，或者其他一些文学圈外，但对文学保持着深厚兴趣的人。他们试图介入文学，对文学产生着深刻的影响。

由此，出现了两种建构文学理论的思路：一种是“自下而上”的思路，即从作家、作品和文学现象出发，抒发感受，进行记录和描述，进而总结规律；另一种则是“自上而下”的思路，从一些哲学和美学原理出发，并结合文学的实例，形成关于文学的理论体系。实际上，人们总是做着这样的事,时而采用前一种做法,时而采用后一种做法,并自觉地或不自觉地将两者结合起来。

“自上而下”的做法有多种多样。它曾经指从某一种哲学原理出发,利用演绎法形成关于文学的理论,但这种可能性是很小的。即使勉强构造出这样的体系来,也会很牵强,内容空洞,只有干巴巴的几条原则。每一种文学理论的形成,都需要文学理论家的艰苦努力,都需要建立在大量的文学经验的基础之上。但是,一些理论、思想、政治倾向,也的确会影响一些文学上的潮流。有时,某种心理学的理论也会影响文学理论,形成这种理论的独特发挥,产生像心理分析、自然主义心理学等文学理论研究。某种语言学理论,会被人们运用到诗学或叙事学上来,从中产生一些独特的文学理论,如形式主义、结构主义等等。至于一些哲学流派,也会对文学理论产生巨大的影响,形成包括存在主义在内的多种文字理论,等等。其实,甚至像唯美主义这样的文学潮流,最终也可以溯源到康德的审美无功利的理论。“自上而下”的理论建构,还包括像阐释学、读者反应批评理论、符号学理论等批评方法的建立,这些批评方法背后有着深厚的哲学背景。

“自上而下”不能只是从字面上理解成一种演绎逻辑的方法。实际上,它是将文学研究与其他学科接通的桥梁。研究文学的人,不能只是满足于阅读文学作品,并写出自己的感受。一位文学研究者,不能满足于读的作品多,读得熟,发展脉络清楚,掌握资料丰富,还要接通文学与其他学科的联系,将文学放在一般社会现象和思想现象中研究。前人有打通文史哲的说法,在现代社会就更是如此。

回到从“诗文评”到“文艺学”的话题:现代文艺学绝不是在“诗文评”的基础上直接生长出来的,而是借助多种现代的人文社会科学,甚至自然科学的研究成果而构建的一种现代理论学科。一方面,它要面对文学的创作和欣赏现实;另一方面,它也要面对现代人文和社会诸学科发展的现实。当然,这不是说文艺学是一个大综合,什么都可往里放,也不是说文艺学研究要求研究者什么都懂，是无所不知、无所不专的杂家。相反，文艺学研究要有自己的根据地，有自身的学科传承，在此基础之上，广泛吸收，以求适应当代社会，向前发展。

我曾经谈过“家”与“牢”的区别。进去了，出不来，就是“牢”；能进能出的常住地，就是“家”。文学是家园，不能将之当作监牢看。建构现代文艺学，也要持这种态度。接通文学与其他学科的联系，才能使文艺学得到发展。但是，近年来，在文学理论研究者中，出现了强烈的“接地”呼声。这种呼声反映了理论界的一种状况，即过多地引进和抄袭外来理论，食“洋”不化。研究者不是在做研究，而只是引进、介绍。这种呼声也反映出对文学理论者研究一切，就是不研究文学的不满。所谓“研究没有文学的文学理论”，就是这么提出来的。这些人走得太远了。没有文学，就没有文学理论，这个道理已经说得很清楚了。文学理论研究者不能离开文学，这是家园，离开了就无家可归。

不能离开文学，还有一个如何对待文学的问题。文学理论不是从文学经验中直接归纳出来，不是从其他更为抽象、更为普遍的理论中直接演绎而来。这两者都有可能，都不能完全排斥。建立文学理论的方式，还是需要两者在实践中碰撞，相互作用，形成独特的理论创造。这很艰难，我们有了一些文艺政策类的呼吁和号召，我们也写出了大量的教科书式的文学理论，但那还属于理论建构的尝试。

半个世纪以前，朱光潜在写作《西方美学史》时，提出了一个话题：能否采取“纯思想线索”[①]。他的意思是说，“纯思想线索”是不好的，要从经济、社会、政治等方面出发，写出一部体现经济基础决定上层建筑原理的美学史。但他又说，这只是一个理想，他自己就没有做到。那么，他没有做到的事，后来有人做到吗？据我所知，没有。后来有了各种多卷本的《西方美学史》，但没有人走出“纯思想线索”。西方人也写了一些《西方

① 参见朱光潜《〈西方美学史〉再版序论》，《朱光潜全集》第6卷，安徽教育出版社1989年，第36—37页。

美学史》,他们也没有这么写。这说明,尽管人们都知道,美学这个学科并不孤立,但真正在一部史中,把影响一个时代的美学的各种因素都写出来,从而说明美学怎样从这些时代的经济政治生活中"生长"出来,实际上是很困难的。

如果说美学史的写作有这样的困难的话,文学理论的历史则更加困难一些。文学理论作为一个学科,要比美学更具实践性,其中存在着大量处于半理论或非理论形态。这里所指的,主要是文学批评性的文字。这些文字数量大,指向很具体,其中许多理论意义似隐若现,似有若无,介乎两者之间。如果在这种复杂性之上,再加上浩如烟海的经济、政治、社会、文化的材料,那就只能造成对这个学科的历史书写不具备可能性。当然,这还不仅仅在于人的精力问题。更重要的在于,如果淹没在这些材料之中,那么一部文学理论的历史,从理论形态上讲,还是否可能?

我们还是要回到一点:纯思想线索需要批判,但还是要让它在持续的批判中保存下来,并且,在批判声中成长。批判使这样的线索变得丰富而有弹性,有更多的包容性。纯思想线索不能断。美学是如此,哲学、伦理学以及其他许多学科实际上都是如此,文学理论也应该,而且只能是如此。

这种理论史的可能性在于,在任何时代,人们都是带着理论去与实际材料接触的。"接地"要用理论去"接"实际经验之"地",而不是取消理论。由此进一步说,理论有着自身的发展线索。理论要在不断与实际接触中发展。如果每一时代的理论,是从那个时代的土壤中生长出来。不同时代的理论则有着不同的土壤。"土壤"是"地",那么理论的种子则还是由前代的理论播下的。理论需要在土壤里生长,但理论的种子代代相传,自身有传承的关系,从而使理论的历史成为可能①。

如果我们再次回到理论与历史的关系中,我们可以得出这样的结论:文学理论的历史具有反向建构性。一方面,我们已经熟悉了一个古老的

① 关于"接地",请参见拙作《理论的理论品格与接地性》,载《文艺争鸣》2012年1月号。

说法，一切历史都是当代史。关于这方面的意思，我们在前面谈“双向建构”时，已经说过，当代理论的发展，影响我们对历史的解读。我们都是以一种“通向当代”的方式来书写历史的。但另一方面，我们仍可以说，历史也活在当下。一切当代史，也都是过去的历史以一定形式的重复。历史是原有的因素、原有的萌芽的展开和生长。从这个角度，我们可以寻找历史的连续性。这一点，在理论史中，常常体现得更为明显。理论以其逻辑的力量起着跨越时空的作用。

结语　文学理论史在什么意义上存在?

通过以上的分析，我们可以看到，文学理论的历史，可以从文学理论与文学的创作、接受、批评的关系中，与经济、政治、文化的关系中，与哲学、宗教的关系中，以及与语言学与心理学的关系中抽象出来，有着自身的独立的历史。这种历史是混杂的，有着大量的交叉现象，但仍然是成立的。文学理论有着自身的传承关系，它的接地性，体现在种子与土地的结合关系上。

谈到历史，我们有可能在一个意义上谈论，即一个学科自身的成长与衰亡。这是一种生物学的比喻。这是说，如果只是变化，那还不是完全意义上的历史。对于一个学科，如果我们像认识生物一样，认识到它的出生、成长、成熟、衰亡的全过程，或者在它的发展过程中，看到这样的发展轨迹，我们才能谈论它的历史。这里面有这样几层含义：第一，某件事物随着时间的推移，不仅仅是在变化，而且是在向着一个方向变化时，我们说它进入到历史之中。所谓向着一个方向，不等于直线前进，也可以是螺旋式上升。进化是历史，变化就不是历史。第二，这种进化不是无限的。在一个更大的范围里，会有此消彼长的现象。黑格尔的艺术、宗教、哲学三步发展,就体现出一种超越具体学科的进化观。

那么,文学理论的历史又是怎样呢?它是永存的吗?如果不是,它现在处在什么样的生命期?这个问题需要追问。意识到这样的问题,我们才能时时反省学科本身,而不是处在空洞盲目的乐观状态之中。

第九章　论作为文学史尺度的美学时间

没有什么东西是永恒的，时间在铸造一切，时间也在改变一切。文学史研究，正像其他艺术史研究，以及一些人文社会科学的历史研究一样，有必要建立一个时间平台。我们要透过时间的视角，来考察具体的某个人与某件事，考察一种现象、一个思潮。这种平台同时也是一个尺度，依据这个尺度，可以很好地对文学史的种种发展、进步和变化进行度量。

一　从文学史如何可能存在谈起

文学史如何可能存在这个问题，似乎在许多人的脑海里并不存在。许多人会认为，过去就已经有很多的文学史写出来了，它们的存在就已经证明了文学史的可能。由此就产生了一种通行的看法，文学史就是过往文学的记录，文学史就是对作家和作品的整理、编辑和叙述。

在历史学中，也有过这种看法。在古希腊，一种素朴的历史观认为,历史记录具体事件,就是写"阿尔基比阿德斯做过或遭遇过的事"①。但是,这种观点早就过时了。对于后来的历史学家来说,历史并不等于事实记录,还有历史发展线索的寻找,历史发展的动力和规律的思考,历史事件的原因和后果,社会生活中各因素的相互影响情况,等等。

事实上,文学史也是一个复杂的存在。这里面有规范性的认定。研究者要回答这样的问题:哪些写作是文学创作,因而哪些写出来的文字材料可看成文学作品,并因此可写入文学史?近年来,关于文学史应包括的内容,有很多争议。例如,中国古代的史传文学是否可写入文学史?当代的许多人写作的古体诗是否可写入文学史?网络文学是否可写入文学史?这方面的论争很多。论争者或声情并茂,或义愤填膺,要发起为某类写作伸张正义的运动,保护某类文字进入文学史的权利。他们的所思所讲,都指向了文学史学诸多复杂的问题。文学史还与其他一些外在的发展有关。例如,文学史与文字和书写的历史有关,与印刷术的发展有关,还与图书的编辑发行的历史、图书市场的发育程度、人们的阅读习惯、社会流行的阅读风尚等,都有着密切的关系。

本节重点要说的,是关于对时间的理解。一般来说,历史说上下古今之事,而地理说四面八方之事,因此,历史学处理时间,而地理学处理空

① [古希腊]亚里士多德《诗学》第9章,第1451页;中译见陈中梅译,商务印书馆1999年,第81页。

间。许多史学上的问题,都是从对时间的认识衍生而来。文学史是一种历史书写,因此也不可避免地存在于时间之中。时间观构成文学史写作的依据。

涉及文学史的写作,有两种时间观:一是物理时间,二是个人时间。物理时间,是指时钟和日历所标示的时间。在文学史上,有一种纪元划分法,按照世纪划分文学。法国文学史学分成五个亚学科,分别研究 16 世纪、17 世纪、18 世纪、19 世纪、20 世纪的文学。德国文学、英国文学、意大利文学,也有多少类似的分野。术业有专攻,世纪之间壁垒森严,跨学科写作常常就显得不专业。我们常说,一个世纪有一个世纪的气象,但我们说不出为什么会是如此。世纪划分,只是物理时间的划分而已,本与“气象”无关。

中国文学史研究一般按朝代划分:夏商周秦汉、唐宋元明清。朝代划分是一种政治划分,这避免了严格按照纪年法的机械划分。但是,为什么文学史要按照政治史的划分法来划分,这本身也需要证明。其实,中国文学史研究者们也很重视物理时间,从他们热衷于编年史的编纂,就可以看出。人不能逃脱物理时间,无论是按一百年划分一个学科,还是编各种学术年鉴,编大事记,实事实录,都是对物理时间的尊重。近些年,研究当代文学的人还喜欢给作家贴标签,有所谓 50 后、60 后、70 后、80 后、90 后作家的说法。这种对史的理解,是一种自然的理解。一年又一年,时间就是这么过去的。作为文学史尺度的时间,人们所能想到的,首先就是这种物理时间。

除了这种时间,还有一种时间,就是个人的时间。一个人的时间不是无限的,生老病死,走一个循环。一个人的时间,也不是所有的时候都是等值的:我们有时会感到时间不够用,夜以继日,加班加点,赶工赶活,一刻千金;有时却需要打发时间,无所事事,百无聊赖;有时忙于工作或思考而不喜欢有人打扰;有时却孤寂难熬而抱怨无人上门。一位作家也是如此,在创作的巅峰时间,会一下子写出大批杰作巨著;也会有很长的时间沉默无言,没有任何新作问世。一个人会有自己的生活和创作节奏,这是个人的生命时间。如果我们写一位文学家的传记,要把他的生命历程写出来。这包括他所受的教育,所经历的成长、成熟,创造力的起伏,个人遭遇等等。有些时段,他会十年写一章,可写的东西不多;有些时段,他会一年写十章,可写的东西太多。举一个例子来说,尼采的一生,其中有 20 年写出了很多的内容,他的所有著作,都是在这 20 年,具体说,是 19 世纪的七八十年代写出来的。在其他的年份,写的内容就很少。

个人的时间也可以物理化,成为个人的物理时间。例如,编辑个人的年谱、系年。将文学家的活动和成果,按照月份牌上的时间顺序,整理编入;将个人的活生生的生命过程抽象掉,只留下按照日历顺序编成的记录。某年某月某日,某某见了某人,或做了某事,这种记录也许什么也不能说明,只是一种机械记录而已,抽去了活生生的人的活动,我们只能从只言片语中猜测生命过程。当然这也是需要的,它至少可以起到备忘或备查的作用。

除了这种物理化,即以物理时间为尺度,来记录个人的活动,还存在着大量的研究著作,如一个时代的作品汇编、注释、目录、真伪考证,等等。这一类的研究著作非常有用,常常被评价为功在千秋,泽被万代。这些研究当然都是极其重要的,在学术的名义下,学界对这一类的研究高度重视。但是,这些研究都是将其中的时间物理化、机械化,或者完全抽掉时间,这不能算是严格意义上的文学史研究。

据此,我想提出这样的问题:在文学史上,有没有独立于物理时间和个人时间之外的第三种时间存在?这种时间描述文学的发展,既揭示文学与艺术在一个时代之中的共性,也能揭示时代的审美趣味变化的规律。

二　美学时间的可能性

历史学要处理的不是物理时间，不是寒暑季节循环，时钟刻度记录，更不是气候变化、地质变迁。地质年代，对于历史学来说，过于漫长。这就像将用来称集装箱重量的衡器来称人的体重没有意义。同样，历史学所处理的也不是个人时间。人生太短，一些历史规律还不及看出来。这也像用精密仪器来“称”日常生活用品的重量一样。我们一顿吃的饭，精密到“斤”和“两”即可，用“克”来表述已经不习惯。用“毫克”来计量，就失去了意义。不仅如此，这种不适当的参照标准，还会引导我们将注意力放在无关的细节上，而偏离研究对象本身。例如说某人的体重是以吨为单位来衡量的，某人吃的东西是以克为单位来计量的，这本身就被赋予了另外的含义，计量单位成为量本身的暗示。同样的道理在关于历史研究的时间单位中也存在着。历史研究要寻找适合自身的时间尺度，而不是用其他的尺度来对自身作或者过于粗疏、或者过于细微的研究。

在个人发展中，有一种社会时钟理论。一个人上小学、中学、大学，工作、结婚、生子，以及达到各种成就，都有着一种时间比，并以某些标志性事件作为时间刻度。我们通常说，一个人上学比较早，5 岁就上学了，另一个人上学比较晚，10 岁才上学。这里的早与晚，一定是有一个参照系存在的，是依照这个参照系得出的早或晚的结论。同样，结婚、工作、取得某种成就，也有早晚。当我们说一个人是少年得志还是大器晚成，都是从这种个人发展与社会时间的对比得出的。在古代，有人 20 多岁中了进士，少年得志；而另有许多老进士，50 多岁才考中。这是一种个人发展快于或者慢于社会时钟的例子。类似的例子，在我们现代生活中也无所不在。有人评职称早，20 多岁当上教授，是天才；有人相反，退休前评上了教授,是安慰。我们会说,20 多岁的教授太年轻了,而 50 多岁才当教授,则晚了一些。这种早与晚,是相对于某种一般看法而言的。这种一般的看法就是人们普遍具有的一种内心时间尺度。社会时钟的观念在不同的地方和不同的时代也不太相同。农村的孩子结婚早,20 来岁结婚生子已不算早,城里人 30 多岁还没有结婚的情况也很常见。因此,一个 25 岁还没有结婚的人,是否应该为此事着急,是个人的事,又由他所在的环境所决定。什么时候还没有结婚,就被看成“剩”下了,是由社会决定的。由此可见,所有的人都生活在社会时钟之中,时时以这种时钟为参照来看待自己人生的成功及标志性事件。

由此转向一般的历史,历史学家们在寻找自己的时间尺度。年鉴学派将这种时间称为社会时间。不同的类型的人的活动及他们之间的相互作用,构成了一种适合于历史学家的时间。这种时间,考虑了长、中和短的时段,注重各学科发展状况的综合思考,也考虑了推动历史前进诸种因素的发展状况。过去,在历史学中有两种最有影响的思路,一种是单线条地关注政治史,将历史看成仅仅对重大的历史事件的记录,另一种是从经济史看生产力发展对历史前进的“归根结底”意义上的推动作用。其实,处于这两者之间的,对历史的具体发展情况具有解释力的,却是大量而复杂的各种因素的相互作用。这种考察尺度和相互作用的情况,构成了一种“社会时间”。

翻开文学艺术的历史,我们会发现这样的特点,在一段时间里,各门艺术会或多或少呈现出共同的特点。例如,各国最早的文学大都是神话。希腊古典时期的来临,在文学上,出现了具有很强的写实因素的、叙述神或人的故事的悲剧,其中有着人间的悲欢离合。几乎在同一时期,出现了写实的雕塑和绘画。古罗马时代,艺术走向个性化,无论在文学还是艺术中都是如此。中世纪欧洲文学与各门艺术,都具有精神化的追求,这既体现在文学、绘画、雕塑中,也体现在音乐和建筑之上。一个大的时代来临之时,各门艺术都打上了这一时代的特点。这些启示我们,在物理时间与作家、艺术家的个人时间之间，存在着某种作为整体的文学和艺术的时间。

同一时代的不同门类的艺术具有共同的特征，从而使该时代的艺术具有一种共时性。这种共时性包括两个方面。一个方面是，一个时代的艺术，与该时代的经济学、社会学、心理学、人类学、语言学等各门社会科学甚至自然科学成为一体。这就是法国年鉴学派所谓的“社会时间”。这种社会时间，依照历史唯物主义，归根结底还是由生产力和生产关系的矛盾运动、经济社会的发展等物质性因素所决定的。我们应深刻体会到这种经济生活的物质性力量的巨大推动力；同时，也要考虑历史发展的复杂因素，绝不能作简单化的理解，去寻找生产方式与社会形态的直接对应性。社会时间的提出，可以设想一个平台，对处于历史变动之中的社会生活的各种方面的横断面进行分析，从而使一些精细的研究成为可能。

在这种社会时间之外，在涉及文学的历史研究时，我们还可以考虑另一个层面，这就是不同艺术之间的相互影响，即前面所说的，同一个时代的不同门类的艺术，具有美学上的共时性。这种共时性的产生，既受到各门艺术间的相互影响，也受到共同的时代影响，与一个时代占据着主导地位的美学观念和美学理想有着密切的关系。

这种影响，首先表现为文学对其他艺术的影响。贡布里希曾讨论过希腊古典时期的艺术走向逼真的原因，认为是由于叙事性文学作品，如史诗和悲剧的影响。叙事性的文学作品吸引了人们对叙事本身的兴趣，人们不再仅仅关心艺术“讲了什么”，而且关心“讲得怎么样”。这引导雕塑家和画家考虑不仅“再现什么”，而且“再现得怎么样”。贡布里希所谓的“希腊艺术革命”①，就是这样开始的。席卷欧洲的浪漫主义运动，也同样可能是从文学开始的，由此影响到绘画和音乐，以及其他的艺术。在中国上古时有诗、乐、舞结合，其中占主导地位的是诗。诗的咏叹成为乐，咏叹

① E.H. Gombrich, *Art and Illusion*: *A Study in the Psychology of Pictorial Representation*. London: Phaidon Press, 1962. pp. 99-125.

的情感进一步展开成为舞。这就是所谓“诗者，志之所之也，在心为志，发言为诗，情动于中而形于言，言之不足，故嗟叹之，嗟叹之不足，故咏歌之，咏歌之不足，不知手之舞之足之蹈之也”（《诗经·毛诗序》）。在明清文人画中，文人画的趣味首先无疑是在文人的诗歌趣味影响下形成的。“诗情”转化为“画意”，诗、书、画三位一体，首先是诗，其次为书，再次为画。这种逻辑顺序是确定的，尽管在时间顺序上不一定如此清晰。但是，与此相反，在20世纪，先锋派艺术、新先锋派艺术和后先锋派艺术，常常首先在视觉艺术领域，尤其是在造型艺术领域表现得更为突出，继而在音乐和诗歌中产生影响。

不同门类艺术间究竟谁影响谁，可能与一个具体时代中某种艺术更具强势有关。从古代到近代，文字的艺术占据着强势的地位，由相对来说更为上层的人所掌握。这些人受过相对较好的教育，思想更为自由开放，更可能引领艺术的新潮流。这些人也由于处于社会的上层，更具有“话语权”，或更能将自己的“意识形态”变成“占统治地位的意识形态”。但到了当代，推动艺术向前发展的动力在改变。由于教育的普及化，非文学类艺术从业者的人文素养也普遍得到提高。科学和信息技术发展，造成图像艺术逐渐占据优势，并获得普遍的关注。这些因素都促成视觉艺术对其他门类艺术产生巨大的影响。

图像艺术更具先锋性，还有一个可能的理由：现代城市的兴起，出现了一批城市游民，这些人成为艺术创新的主体。这些走向城市，在城市中各种政治和经济力量的边缘地带生活的人，却能够成为在艺术中特别活跃的群体。在这些人中，可能会有生活在亭子间的青年写作者，也有生活在画家村的画家，有形形色色的自由职业者。在这些人中，文人有更接近权力的倾向，从而在艺术形式上会相对较为保守；而从事视觉艺术的人，特别是从事以绘画和雕塑为主体的美术的人，却相对而言比较自由而独立，从而更可能在艺术形式和风格上创新。因此，在当代社会中，美术界在创新方面，比起文学界可能更多样，更大胆，有时也更极端。

这种种错综复杂的相互影响共同构成了一个时代的美学状态。这就是美学时间的核心含义。

三 作为一种理论抽象的“美学时间”

当我们说一个时代的“美学时间”时,决不能陷于对一时代的美学状态的普泛的假设之中。这种状况如果没有得到理论的描述,就不可能被把握住。我们可以假定一个时代具有共同的趣味,但对这种趣味,仍需要有理论的阐述,否则的话,它们就像浮动的空气一样,看不见,摸不着,并随着时间的推移而消逝得无影无踪。例如,我们可以说某些作品有维多利亚时代风格或“民国范儿”,其特征人们能感觉到,但无法给予明晰的说明。我们可以说,法国18世纪的小说与19世纪的小说风格上不同;我们还可以说,盛唐时期的诗歌与中唐时期的诗歌具有不同的气象。这些特点在感觉敏锐的人那里,可以很容易被辨认出来。对这一类风格特点,有些可大略指出,有些则不可言传或不易言传。理论研究者或相关的历史研究者就是努力要将之捕捉到,并用语言表述出来。这实际上是一种翻译工作,这种翻译很难,在翻译过程中会失掉很多东西,但这仍是必须做的事,正像人们都说的,诗是不可翻译的,但人们实际上做的事,正是如努力翻译一样。

这里涉及一个问题,即美学理论与艺术实践的关系问题。美学理论对于艺术实践,具有依附关系。理论来源于实践,但理论不能从实践中直接“生长”出来,需要理论研究者的努力。文学家和艺术家都对美学家有所期待,希望他们的研究能解决当代问题,为一个时代的美学追求作出理论的表述和总结。

读康德、黑格尔或海德格尔这样一些思想家的作品时,我们可能会感到，他们是在叙述某种普遍真理，某种放之四海而皆准，放在古今均有效的道理。理论的普遍性追求是必要的。一个道理如果要达到理论层次，在理论家的心目之中，必须有普遍性追求。没有普遍性追求的理论，就不是理论，而只是策略或方法。我们过去常常批判"机会主义"，如果不是用于政治上相互攻击的话，它所表述的意思大体上是如此：理论家离开具有普遍性的理论，而只是说当下应对之策，或者先有行动，再制造为行动辩护的"理论"。真正的理论不能局限于这个层次，而是必须超越这个层次，寻找更为普遍性的表述。

然而，如果我们跨越时间和空间再回过头来看这些理论，就会发现，这些思想家不过是说出了他们自身所处的时代的哲学思考而已。这些哲学思考不一定具有直接的实践指向，但与当时的生活的实践，从归根结底的意义上讲，具有对应关系。同样，当代中国的美学研究也是与当代中国人的艺术和生活实践所提出的问题具有对应性。

有人反驳说，美学不能太功利，不能陷入到"活学活用，急用先学，立竿见影"的魔道上去，也不能将学问看成个人的晋升阶梯，看成人生设计的一部分。这种反驳当然是有道理的。对于个人来说，只有具有纯学问的精神，在研究上才能有所收获。进行一项学术研究时，如果其他方面考虑太多，这项研究中的最重要价值往往就会失去。研究美学与研究其他理论学科一样，是在对事物规律性探索的驱动下进行的。理论不能仅仅是当下行动合理性的说明，更不能将理论研究理解成只是宣传。理论是行动的指南，这个关系不能倒过来，变成行动是理论的指南。当行动成为理论的指南时，理论只是为行动辩护，而不是指导行动。

尽管上述反驳有道理，但我们这里所要说的是另一个层次的意义。学术研究还是要区分"死学问"与"活学问"，要以"活学问"为中心，让"死学问"为"活学问"服务。这种学问的"活"，就将学问与时代、社会、经济、生活，以及其他各种学科的研究联系了起来。理论要发展，就必须从生活实际中汲取动力源，从归根结底的意义上，理论与时代是联系在一起的。

这里还涉及一个对美学的学科认知问题。我们常常会将只是一些成体系的美学专著看成美学，于是，美学史仅限于对几个成体系的美学的观点进行依次叙述。这样一来，我们所看到的是，在一段时间里，天才成串而来，而对其他时间，没有什么可写的，似乎可以忽略不计。在西方，从苏格拉底到柏拉图，再到亚里士多德，师徒三人相继创造了美学上的辉煌，两千年以后与他们相媲美的哲学家才出现。在古典时期的德国，从康德、费希特、谢林、黑格尔，再到叔本华、尼采，巨人一个接一个地出现，巨大的理论体系的大厦被一个接一个地建造起来。到了当代法国，巴尔特、德里达、福柯等，又迎来了一个群星灿烂的时代。美学史写作上的这种“点人头”的做法会带来误读，会让人以为美学史就是几个天才的历史。

近年来，美学研究上还有一种做法，即研究一些概念的历史。这些概念研究，可能是从分析美学家的一些做法延伸开来的。例如，塔塔凯维奇写了“六个概念的历史”，其中包括“美”“艺术”“表现”“再现”等等。这些概念研究发展成关键词研究，又发展成巨大的关键词家族，甚至关键词词典也编出了。还有一些人致力于研究范畴史，即从欧洲美学史上关于优美和崇高、悲剧和喜剧等范畴，到中国美学史研究的巨大范畴家族。这些研究就其本身的追求而言，都很有意义。美学需要这一类精细的研究，需要澄清一些重要概念，说明其来龙去脉，同时，在教学上，这一类的文章和讲述也因其条分缕析、线索清楚而受到欢迎。这是美学研究者在拓展美学研究范围方面所作的尝试，有其积极意义。然而，以概念为纲来进行研究，必须凸显不同时代对同样概念的理解之间的差异，否则的话，就会呈现美学古今一律，与时代和社会的发展无关的假象。例如，同是“模仿”，从古希腊到文艺复兴，再到 20 世纪，含义有很大的区别；同是“气韵”，谢赫的表述与唐代人物画家的理解，再与明清山水画家的理解，其间的差别极大。因此，在关键词研究时，不能让这种研究丧失时间性，更不能让这种研究成为反对时间性的武器，而要在对具体概念和范畴的研究中将时间显现出来。

美学还是要跟上时代。我们在研究美学时，会发现大量的作家艺术所写的“半美学”的材料。作家艺术家们相信，他们自己个人，他们所从属的时代，有着独特的美学体系。不管这种“体系”是否存在，作家或艺术家所表达的这种美学观，是作家或艺术家的“美学”，即他们的美学信念和追求与审美评价的标准。过去，美学家们都鄙视这些材料，认为这不是真正的美学。这是不对的，这种作家艺术的思想和观念才是活生生的、真正的美学材料。美学学术必须建立在对这种材料研究的基础之上。我们不能只是把美学家的“美学”看成美学，而应该看到，文学家或艺术家的“美学”也是美学。美学研究要致力于这两种美学的交流、对话，相互参照，从而在此基础上，形成新的、属于现时代的美学。

在表述了上面这些意义之后，我想在这里强调问题的另一面，即理论自身的独立性。有没有一种独立的理论史？具体到美学学术上来，有没有独立的美学史？如果理论研究都只是对同时代流行现象的观察，认为只有这样才是“接地气”，这是一种误读。理论研究绝非仅仅是现象的总结，它有自身的源流。“接地气”是一种走出书斋的呼吁，不能成为取消书斋的命令。理论的研究要建立在“特定的资料”的前提之下，这就是理论自身的延续性。哲学家要读前辈和同代人的哲学著作，美学家要读前辈和同行的美学著作，这都是不可避免的。注重当代，面向实际，绝不是说不要读书。不读书，直接从“实践”中生发理论，是不可能的。当我们说走出康德时，绝不是不要康德，而是说在康德的基础上往前走一步。不接触中外理论，只是作实用性的评说，或者闭门造车，冥思苦想自己的大体系，这都是过去美学发展的教训。

美学是在双重动力的推进下向前发展的：一是内在的思考和争鸣；二是外在的艺术和社会生活的影响。美学研究者会阅读前人的著作，发现其中的理论问题，致力于创新。这种创新对于这些研究者本人，可能并不一定具有直接的对实践的指向性，而只是对一些纯理论问题做出新的解决办法，但受时代气氛无所不在的影响，他们的创新具有时代的特色，并与这个时代的文学艺术的创作形成对应的关系。美学在向前发展，与艺术构成平行的关系。两者不相交，但相互影响着。从另一个方面看，大量文学艺术家说出来、写成文的，或未写成文而存于心中和创作中的“美学”，构成了这个时代的审美潜意识，这是美学要接之“地气”。

美学时间的存在，就体现在不同时代的美学之中。从这里，看出一个时代的美学追求和思考。这种时间不是客观的物理时间，也不是主观的个人时间。一个时代的美学，并不创造这种时间，而只是发现和呈现这种时间。

结语　“美学时间”的独立性及意义

“美学时间”与“社会时间”是相对应而存在的。历史学家要寻找一个合适的研究尺度，从而找到“社会时间”。由此，历史学不再是研究政治家的个人故事，而是从社会、经济、心理等各个方面和维度来研究历史，从而找到历史的整体性与各种历史细节联系的方式，并构建可信的历史。

“美学时间”也是如此。它应该包括这样几个方面：在同一时代，在不同的艺术门类之中，在艺术之外的日常生活中，都具有同样的美学精神。我们说浪漫主义、现代主义的普遍性，以及后现代艺术在不同的国家的表现，等等，都是在说，具有一种“美学时间”与“社会时间”的对应。这种对应性，可以从大量的文学艺术的细节特征中见出；更为重要的是，它体现在一种看不见、摸不着的精神气氛之中。

“美学时间”反映在文学和各门艺术之中。不同的艺术门类在发展时具有独立性，有着自身的传承关系。但是，它们之间都有着对应性。例如，我们可以在诗歌、小说、戏剧、绘画、音乐等艺术中辨认出浪漫主义精神,我们也可以说艺术来到了一个普遍的先锋时代或后先锋时代。这些席卷各门艺术和众多国家的文学艺术潮流,体现出的是一些普遍的美学精神。“美学时间”可以为它们提供一个研究的平台,使我们可以在一种合适的尺度上研究文学和艺术的发展。

“美学时间”可以在一个时代的美学著作中得到表现。这是我们研究美学的意义所在。我们研究美学史,不能只是局限于美学家说了什么,并思考这种观点是否合理,我们是否赞同,以及按照我们今天的标准对这些美学观点进行价值评判。我们需要做的更重要的事,是将他们的著作看成在“美学时间”中产生的,看成属于特定“美学时间”的表述。这也就是说,我们不仅要知道美学家们说了什么,还要研究他们为什么这么说,这么说有什么意义。

对于历史,我们曾经有过一个生物学的比喻。我们常常指神话所代表的时代是人类的童年时代,这就是生物学的比喻。马克思说,有粗野的儿童,有早熟的儿童,希腊人是正常的儿童,这是生物学比喻的典型反映。一个人的生长当然是全方位的,包括骨骼、肌体、内脏的成熟,思维能力的发展,知识的积累,等等。马克思曾将经济比作人的骨骼系统。如果这样的话,那么,美和艺术则是人的容颜。岁月的痕迹会刻在一个人的脸上,但不同年龄的人有着不同年龄的美。有人见人爱的童星,有青春靓丽的少男少女,有睿智成熟的男人女人,有精神矍铄的老寿星。

这是美学史真正要写的内容,同样,这也是文学史要揭示的内容。有了“美学时间”,也就有了适合文学史的写作尺度。

第十章　从市场的变迁看艺术的命运和使命

市场的变迁会给艺术带来什么？我们可能会想到，它带来的是艺术品的销路问题。贫困山区怎样才能改变面貌？村长、乡长和县长们会告诉你：要想富，先修路。贫困的为什么总是山区呢？原因就是路不好。路修好了，物流畅通，当地产品销得出去，外面的投资进得来，于是经济就搞"活"了。同样的道理是，市场大了，艺术品的销路会大得多。然而，市场的作用远不只是如此。市场的"后果"，要比我们所设想的要深远得多。可以这么说，市场改变着艺术的生产方式，改变着艺术家，也改变艺术概念本身。

一　产品的美与市场的关系

人们生产出来的物品，叫作产品；将它放到市场上去卖，就叫作商品。于是，同样一件物品，生产者留着自己用，就叫作产品；去销售，就变成了商品。产品做得好与不好，是与所使用的原材料、生产者的技能和在生产过程中所付出的劳动决定的。用料讲究,制作者才能出众,制作时用心用力,做出来的东西就好。

从产品变成商品,是质量变好了,还是变差了？这说不好。我们说“同一件物品”,其实,为了“自己用”与为了“去销售”所进行的生产,由于目的不同,产品的品质也会不同。但“不同”可以是品质提高,也可以是降低。一件产品变成商品,质量有可能提高。自己或家里人用的东西,可以马虎一些,对付对付,能用就行。但拿出去卖的,总要做得与别人不一样,不然,人家为什么要花钱买你的？

生产者本来并不一定是专职,也很少有机会专门学习以提高技能。但既然做了去卖钱,就是专门干这一行了,做出来的东西,总要像专门干这一行的样子。用来卖钱的东西,外观上也要看好些,用通俗的话说,要有卖相。

这些因素使得商品生产要比非商品生产更认真、专业、重外观。记得小时候有一家邻居,没有固定工作,炒一些花生、瓜子、蚕豆、爆米花,到电影院门口卖。于是,我们每逢春节,就买一些花生、瓜子,请他家帮我们炒。炒得熟而不焦,好看又好吃。我们家无论在工具使用还是技巧方面,都达不到那个水平。原因很好理解,他们是干那一行的。干一行,会一行,精一行。

但是,下一步就不一样了,产品卖给谁？并非所有的用于出售的东西，都比生产出来供自己用的东西更好。一种产品变成商品以后，就受着一些新的逻辑支配，这些新的逻辑要求产品的生产被改进，但又对生产被改进的方向作出限定。于是，商品有可能比产品质量更好，也有可能质量下滑。

让我们从这样一个例子说起：什么地方的饭店更好一些？我们大概都有一个经验，在老街区的饭店里，饭店老板、厨师与客人形成了一种熟人或朋友关系。北京人对来客打招呼，不说“欢迎”，而说：“来啦，您哪！”招呼得很喜兴。拖长的调子有一种特别的味道，他们对客人进门表现得一点不意外，像是该来的一样。饭店老板这么招呼客人，给客人回家吃饭的感觉。

由于饭店的客人都是些老熟客，饭店很讲究名声，饭店老板把烹调和饭店的管理作为一种艺术来完成，不断研究和提高。又由于老板跟客人是一种熟人关系，服务的质量能直接得到反馈。如果客人说今天的菜咸了一点，火候欠一点，他会改进这道菜的做法；如果客人说今天这道菜做得好，他就记住了，以后就这么做。就这样，客人都成了品菜员，在反馈交流中饭店质量得到改进，在熟人圈子中培育出了“老字号”。

车站旁的饭店里，连老板和厨师自己也不吃给客人做的菜：那个菜是喂客人的，自己没法吃。他们自己吃的菜单独做，简单而“清爽”。老街区里的饭店则不一样，饭店老板和厨师努力将菜做得像家里请客时做的饭菜一样。碰到特别的客人，老板还会请客人甚至陪客人喝一杯，交个朋友，期盼以后常来常往。

我们都喜欢说，最好吃的菜是家里人做出来的。家里的母亲、姐姐、妻子、女儿烧的菜总是最好的。在现代社会，生活的压力和发展的欲望迫使人们背井离乡，于是，再吃一次妈妈烧的菜成了现代人的一种奢望。这也是每逢春节人们不远千里，不畏艰难，也一定要回家的动力之一。老街区里的“老字号”里有这样一种熟人、朋友的温情关系，有一种家的气氛，让客人有宾至如归之感。

我在北京的住处附近有一个小饭店叫作“家外家”，这名字起得很好，想法不错，尽管努力程度不够，饭店水平实际上很一般。北京还有一个饭店叫“到家尝”，还挺有名，用的也是这个意思，当然，这个名字起得有点超越常规，大俗以求大雅，有后现代意味。

传统的老街区消失，不仅是一个建筑问题，而且是一个文化问题。房子没了，整个文化也随之消失。在胡同里长大的孩子与从单元房长大的孩子是不一样的。对于那些北京话说得很地道，很具有老北京人性格的孩子，过去有一种称呼，叫作“胡同串儿”。随着胡同的消失，“胡同串儿”也就没有了。今天北京的孩子不会说北京话，只会说普通话。老街区消失，相应的生活方式也随之消失，传统饭店顾客和老板之间的关系也消失了。

从传统到现代，存在着一种现代商业中的“质量下滑”规律。传统社会是熟人生活在一起，吃饭、穿衣、理发、听说书、购物，都是在熟人间完成的。质量形成口碑，古代工商业就是靠口碑来维系。现代社会是陌生人的社会。人与人互相不认识时就要相互打交道，并且打完交道后可能还是不认识，并且，也不需要认识。做一次交易，做完后还是陌生人。

过去是“在家靠父母，出门靠朋友”，是不是现在就是“在家有父母，出门碰运气”呢？那么，人与人之间的信任感如何建立起来呢？我凭什么在几家车站附近或闹市口的餐馆中选择这一家而不是那一家呢？怎样来拯救质量下滑呢？一次性交易也有食品安全问题，也需要质量保证，也需要建立信心。人们找到了一个办法：标准化。通过创建品牌，做连锁店。于是，有了“麦当劳”“肯德基”“吉野家”。中国人也努力创建品牌，形成“土”快餐。于是，有了城隍庙小吃、重庆火锅、天津包子、兰州拉面。当然，它们还是斗不过“洋”品牌，没那么有名。

品牌是在现代商业的状态之下出现的。在传统社区消失后，现代商业靠大的品牌和连锁店让客人放心。这些品牌连锁店虽然质量一般，但食品安全较有保障。现代社会的连锁店在竞争中也占据优势，它背后有大资本的支持。随着传统社会变成现代社会，它会不断地击垮一些传统的个人小饭店。

这种连锁店有很大的好处，让你在陌生的环境中，找到熟悉感，也产生信任感。我在国内很少去“麦当劳”，但到了国外就常去。这绝不是一出国就喜欢上麦当劳了，而是一种无奈。在一些陌生的环境中，我对当地的卫生条件没有信心，或者对当地流行口味不熟悉，例如第一次去土耳其、印度、巴西等国家时，只好去麦当劳，连锁店让人觉得安全，进去之前就知道会遇到什么，质量不好也不会坏到哪里去。我去发达国家时，也常常去麦当劳，理由不一样。连锁店里的价格相对便宜，或至少在我预计的范围之内。中国学者的经济条件还达不到常去国外高档饭店消费的水平。到一个国家，去一两次好一点的饭店品尝品尝，当然也可以，但别的时间还是去熟悉的连锁店吧。当然还有一个去处就是中餐馆，它们比较便宜，不过也容易倒味口，外国的中餐馆卖的是外国人心目中的中餐。

城市发展了，老字号改变了。旧式的老字号不存在了，幸存的老字号也搞起了连锁店。例如“全聚德”，成了一个吸引外地游客的地方。北京人不再对全聚德感兴趣，而外地人会觉得到了北京，就必须去一次全聚德。不去全聚德，北京就白来了。前些年，有真正全聚德之争，这种正宗之争，与食品的品质无关。现在，到北京吃什么？吃全国各地的名牌餐馆到北京来建的连锁店，甚至吃世界各国的名牌餐馆来北京建的连锁店。

现代的城市化运动所造成的这一改变是无所不在的。不光是饭店，其实这一改变与一切产品的生产都有关。

实际上，两种不同的饭店是两种不同交换方式的代表。传统的小饭店有精心烹制的美味，有传统商业道德的支持，有使人感到愉快的人与人之间的关系。客人都是熟人，老板觉得把自己的事情做好很愉快，挣钱并非单一的目的。老板生活在熟识的人之中，欣赏自己的手艺，也被人欣赏和赞扬，他们习惯并喜爱一种生活方式，因为这里面有无穷的魅力。做生意当然还是要挣钱，但其内容已经不仅仅是挣钱所能包含的了。生活美学,是各种生活乐趣的延伸。

在现代工商业中,生产者和消费者之间的个人信任关系不存在了。推而广之,生产者与消费者的直接的关系消失以后,对商品品质的信任感如何建立就成了一个问题。品牌是一个很好的解决办法。消费者可以把信任寄托在品牌上。去一家熟悉的连锁店,买某种熟悉品牌的商品,这成了我们常做的事。例如买衣服,过去是找某个熟识的裁缝去量体裁衣,对他做的衣服有信心,而现在要选择的是买哪个品牌的衣服,对某个品牌有信心。去买电器时,生产者是谁不重要,重要的是品牌。至于这些公司的老板是谁,我们一般不知道也不感兴趣。顾客看中某个品牌,是因为它有质量保证,有好的售后服务。

这一转变在生产者一边,当然并不是不受制约的。品牌不是凭空产生的,是创意、经营理念、资本投入、内部管理、宣传广告效应,再加上可能借用的传统因素等才形成的。

从对品牌的信任,进而发展为对品牌的炫耀。去哪个饭店,穿哪个牌子的衣服,变成了财富的象征,而财富则变成了美的代名词。财富不是可见的金银,而是品牌。过去的时尚美女要穿金戴银,现在则是要穿名牌服装、挎名牌包。这些象征着财富的占有。

现代生活使人们得到了很多,也失去了很多。市场、商品、资本带来了美,也丧失了美。我们可以通过精心设计后再大规模生产的方式,制造种种名牌,但让人失去了一种过去的人所特有的享受:穿当地有名老裁缝量身定做的衣服,吃当地农民种植的新鲜的蔬菜,到一家可心的茶馆与一批老朋友聚会,听一位最喜欢的艺人说评书、唱评弹,如此等等。那时没有品牌,只有一种“家外家”式贴心的服务。

二　当代语境下艺术观念的变化

现代社会带来了美在性质上的根本变化，讨论美学、艺术都需要把它放在这个背景下来看。由此，我们引入这样一个话题：什么是艺术？

这好像是个很简单的问题，而现在已经变得非常大，大到人们的估计之外。很多人就此写过无数的书。读李泽厚80年代初为宗白华的《美学散步》所写的序言，其中提到，李泽厚无意之中说过，艺术是可以“写作很多本书的题材”，宗白华对这句话很欣赏。这使李泽厚感到意外，“颇觉费解”①。可能更使李泽厚感到意外的，是这个问题此后的发展。无论在西方，还是在中国，谈论艺术定义的人越来越多。

先锋艺术出现之后，一些过去人们所假定的艺术的条件都受到了质疑，这使艺术的问题进一步复杂化。例如，过去人们假定，艺术品必然是美的，是个人的独创，用康德的话说，艺术品与“天才”“灵感”等概念联系在一起。持这种观念的人，在碰到先锋艺术时，就会有巨大的困惑。他们会自觉地或不自觉地问两个问题：一些当代艺术品“美”吗？它们成为艺术品是由于它们的“美”吗？

这两个问题，过去是不言而喻的。如果你走进传统的美术馆，例如，在巴黎，无论是走进罗浮宫，还是走进奥赛博物馆，这两个问题都不存在。这里所藏的艺术品都是精美绝伦的作品，是美的最高杰作。过去的理论也肯定这一点：艺术品当然美。人们讨论艺术比生活更美，还是生活比艺术更美的问题，这种讨论绝没有否定艺术之美的意思。人们大都倾向于认为，艺术美是生活美的集中体现，只是有人认为，生活美能不断地给艺术美的创造以启示，生活美是艺术美的来源，并强调生活中有艺术中所没

---

① 宗白华《美学散步·李泽厚序》，上海人民出版社1981年版，第1页。

有的美。人们还可以说，不同时代有不同的美，一个时代的美在一个时代的艺术中得到最集中的体现，因此，艺术的历史可以成为审美观念史的表征、物化和体现。

艺术品美，艺术品之所以是艺术品是因为它们美，不美的艺术品不配称为艺术品，艺术品的好坏在于它们的美的程度。这些人们过去熟悉的信条，现在碰到了危机。面对先锋艺术时，它们变得苍白无力。当我们走进巴黎的蓬皮杜艺术中心，走进北京的“798”、酒厂、宋庄等地时，我们会发现，一些当代艺术品一点也不美，它们或者是很丑、很怪，或者谈不上美与丑。

美不美这个标准在那里失效。随着第一个问题无法回答，第二问题也同样提了出来：一些艺术品即使可能“美”，也不是由于“美”而成为艺术品。例如，一些看上去造型说得过去的物件，如一些现成物或工业制成品，并不是由于它们的“美”而成为艺术品。有理论家说杜尚的《泉》很漂亮，于是立刻遭到抨击和嘲笑。《泉》成为艺术品，与它的漂亮与否，与它的造型和光泽，没有任何关系。这时，艺术与美分离了。

这的确是一个很麻烦的问题，许多理论家都觉得难以回答。面对这些问题，有理论滞后的现象。一些我们所熟悉的理论家，都对先锋艺术持回避的态度。例如，在中国影响很大的苏珊·朗格、恩斯特·贡布里希、鲁道夫·阿恩海姆等等，都不直接讨论先锋艺术。在克莱夫·贝尔和罗杰·弗莱等人的论述中，涉及一些艺术中的抽象，但对像杜尚、沃霍尔这样一些人的艺术，还是缺乏解释力。

对先锋艺术的正面回应，是从分析美学开始的。乔治·迪基用“制度”、阿瑟·丹托用“艺术界”分别来探讨艺术的定义问题，说明先锋艺术仍然是艺术的理由。理论拒绝当下的现实，其结果只能是理论被边缘化。正面应对先锋艺术挑战的分析美学赢得了读者，也受到艺术家和艺术批评界的欢迎。正是这个原因，分析美学在西方流行了半个多世纪，在美学史上具有重要意义。

中国学术界应该怎样对待分析美学？这是一个有争议的问题。前几年，在天津召开一次国际学术会议，来了几位重要的国外学者，其中有年长的国际美学协会的前会长，也有美学界锋头正健的年轻新锐。会后，在从天津到北京的火车上，两位从国外来的代表突然叫住我，摆出一副好好谈谈的姿态，质问我为什么让自己的学生做分析美学。原来，在会议期间，他们与我的几位研究生聊了聊，对他们的选题不以为然。我说，分析美学在你们那里过时了，在中国并没有过时。

其实，说“过时”有点夸大，在西方，分析美学还有人坚持，并且不断有新的成果。然而，这里面有一个奇怪的错位。在西方分析美学兴盛时，中国美学界讨论得最多的是美的唯物主义基础，艺术中的形象思维等话题。从20世纪末和世纪之交开始，分析美学有被主流美学界放弃的趋向。1998年在斯洛文尼亚的首都卢布尔雅那召开的第14届世界美学大会，提出了走出分析美学的口号。美学要走出间接性，要引入文化理论的研究成果，要关注社会人生，要重回实用主义对经验的重视，要从非西方的广大“第三”世界的美学传统中汲取营养。这是新美学的发展潮流。然而另一方面，对于中国美学界来说，还须补上分析美学课。从莫里斯·韦兹到阿瑟·丹托，分析美学家们所提出的重要观点，中国人都不熟悉。他们提出了一些有意义的话题，他们对先锋艺术的关注，都值得我们思考。翻译、介绍一些他们的著作，对他们进行研究，对发展中国美学来说很重要。我有几位研究生，分别研究过阿瑟·丹托、门罗·比厄斯利、乔治·迪基、纳尔逊·古德曼等重要美学家。希望他们的研究成果对国内美学的发展有所贡献。

分析美学引进后，对“艺术的定义”问题的理解，起到了深化的作用。但分析美学只是将研究的触角伸入到当代人对一些艺术和美学概念的使用上而已。只有回到社会本身，人们才能理解，“艺术”这一概念是如何被引入的。

我们可能会接触到许多艺术史著作，谈论原始艺术、古代艺术、东方艺术、非洲艺术，以及中世纪艺术和文艺复兴时期的艺术等概念。这些表述已经习以为常，但这些表述之下，掩盖了这样一个事实：不同时代，有着不同的艺术观念。我们所熟悉的艺术观念，是在 18 世纪至 19 世纪才逐渐形成的。我们是依据这时所形成的艺术观念，对古代和东方进行投射，从而将那里所产出的类似物也称为艺术。20 世纪以来，艺术观念又处在深刻的变化之中。

在传统社会中，艺术与工艺没有根本的区分。画家、雕塑家与其他手艺人，没有什么区别。在欧洲中世纪后期，社会上有着三种并存的势力：第一是教士，代表着神权；第二是贵族，代表着世俗权力；第三是城市工商业从业者。修道院里的教士掌握着神的权力，人的心灵，教育的权力；封建贵族和君主有土地和军队，是世俗的统治者；而城市工商业者，本来在这三者中是最弱小的一种人，辛勤劳动却备受欺凌，但他们随着生产的发展和远距离贸易的形成，积累着财富，逐渐取得社会地位。

艺术家们本来应属于这第三种人的一部分。艺术家是从手工业者中分化出来的。画家、雕塑家与木匠、石匠、铁匠，本来没有什么根本的区别。如果要说有区别的话，也许金银首饰匠和钟表匠地位高一些，理由是他们处理更贵重的材料，做着需要更复杂的技术的工作。

从现代的观点看，手工业代表着一种非常落后的生产，与机器大工业无法相比。纺织机出现后，纺车就被淘汰；汽车、火车出现后，长途运输依靠牛车、马车的局面就一去而不复返。效率就是金钱，时间就是生命，与知识就是力量一样，都是一些现代性的信条。对于生活在传统社会的人来说，他们有着其他的乐趣，现代性意味着这些乐趣的丧失。

手工业的状态有其稳定性。生活在其中的人，并非处于一种时刻感受到其落后，要对之加以改变的心态之中。手工业者在生产中，会有一种后来只有艺术家才有的感觉。木匠打造床，铁匠打制宝剑，磨片工人磨镜片，建筑师造房子，都有一种对过程本身和对自己作品的欣赏。他们的生产活动，并非只是指向外在，而且指向其本身。这既是生产，也是生活，两者没有分离。这与画家作画、书法家写字、唱歌跳舞的人表演，多少有一些类似。这种对手工业的感受，本身具有审美性。如果说，这种状态作为一种落后的状态要被改变的话，那么它的审美性作为一种社会发展中的刹车皮，成为保留这种状态的力量。

当然，社会的前进是任何人也阻挡不了的。艺术进步的出现，不是由于艺术本身，而是由于生产的进步。我们知道，社会发展的一个重要动力是分工。手工业从农业和畜牧业中分工出来，是社会进步的表现。手工业者们当然是进一步分工的。中国古代讲"百工"，就是说，有着各种各样的工人在分别做着各种不同的事；每一种工人都有自己专业内的技能技巧，相互不可代替，正所谓"隔行如隔山"。各行各业之中，也各有其优良中差。

到了现代社会，大规模机器工业的出现，使生产效率得到了极大的提高。正像卓别林的电影《摩登时代》所揭示的，工人们对过程的欣赏消失了，人被机器所控制。在这时，设计与生产的分离，生产过程内部各工序的分离，生产与销售的分离完成了。设计者不再生产，他们只是试验，提出思路、画出图纸、生产出样本，再进行产品及其生产工序的定型。这一切完成以后，设计者等待生产者的反馈，再对产品进行修改。生产过程中的各工序，随着自动化的程度不断提高，变成了一个复杂的过程，一位生产者只能像是一盘棋中的某个棋子一样，被分配一个角色。

于是，原本按行业进行的分工，被贯彻到了行业内部。我们过去问别人是干什么的，指的是别人是干什么行业的。别人可以回答：是打铁的、造房子的、制锁的、造钟表的。随着分工的发展，我们就问别人在哪里工作。在钢铁厂工作的人，不一定在炼钢。在药厂工作的人，不一定是在制药。至于对一位在电脑工厂工作的人，说他是在造电脑，就等于什么也没有说。他们所做的是各种工种中的一种，并且在复杂的工序中，承担其中某一段的工作。接下来，还有非常多的人，做的是与市场有关的工作，如产品推销、售后服务等等。

分工使得生产者被局限于生产过程的一个很小的片断之中，而不能接触到生产的全过程，他们只是在工作而已，甚至不能对自己的劳动成果产生成就感，原因是，他们看不到在一个庞大的生产过程中，自己所贡献的一部分在起什么作用。当然，他们就更不能与自己产品的消费者构成一种直接的人与人的交流关系了。今天，某一位工人所能夸耀的只能是，他在一家大公司工作，这个公司进入了全球五百强，他在这个公司里当了一个部门经理或某项技术的主管等等。

传统的市场依赖一种人与人的直接关系，即个人与个人打交道，熟人之间打交道，依赖个人对个人的信任。同乡、同学、老朋友、老熟人构成一个商圈，相互之间的商业活动主要不依靠合同的制约，而靠传统的道德支持。

在现代社会，这种关系被制度化、非人化了。商业关系不依赖个人诚信和信誉，个人的历练、教养、才华等变得不再重要。现代商业需要的是法律，是一种契约关系。商人与顾客之间靠契约、合同、司法制裁来构成商业关系，而不是个人关系。

合同和契约深入到生活的各个方面。它一方面具有解放的意义，消除了人情社会的弊端，另一方面的也丧失了传统社会所具有的种种美好的东西，例如，生产者与消费者的个人的直接交流，个人的信任，个人魅力及其在这种交换中起到的作用等等。

现代生产的另一种重要的分离是生产与生活的分离。随着现代社会的兴起，出现了一个现象：上班。人们按点上班，按点下班。迟到要被解雇或者被扣工资，不许早退或早退也要被扣工资，无故旷工是严重的错误，有事请假要得到批准。同时，加班的员工会要求老板发加班工资，节假日要求双倍工资。加班被看成工人的权利，老板要求工人加班，须工人自愿，不能强迫。再进一步，员工下班以后的时间不属于老板，员工下班以后是自由的，做什么老板无权过问。由此还衍生出种种考勤制度，在大企业，上下班要打卡。不是由老板来监督员工按时上班，而是由机器监督;也不是由老板来决定是否扣员工的工资,而是由机器提供的记录来决定。这一切造成的结果是:工作时间与业余时间分开,以及由此形成的生产与生活的分离。这样一来,我们的时间被分成两部分:上班是生产,下班是生活。我们还由此产生了一种自由观,上班没自由,下班才自由。自由越多,就是工作时间越少。我在瑞典有一次上街看“五一”游行,瑞典共产党打出的口号是“六小时工作制”。这就典型地代表了一种观念:更少的工作,更多的自由。

艺术正是在这种观念的支配下得以改变。手工业者的小铺子,开着店就是家,不存在工作与业余之分。没有人让他们去打卡,工作是自由的。尽管他们的工作方式的缺陷是效率不高,不一定能挣很多的钱,这种工作方式却有许多值得怀念之处。他们所需要的自由,是自由地工作和自由地销售自己的产品,劳动的成果不被有权有势者巧取豪夺,不被有权有势者征召去做奴隶式的强迫劳动。

现代社会所造成的劳动时不自由,不劳动时才自由,是不是更好?也许不是,但这是无奈的。工作时间越少越好?或者不需要工作就能赚到很多钱,然后想干嘛就干嘛?这些想法好不好?那么,剩下来的时间干什么呢?打扑克,或者打麻将吧。更高雅一点,去欣赏艺术吧。审美要无利害,艺术要超功利,正是这么产生的。

艺术是非功利的,是人们在业余时间欣赏的东西。审美要自由,而工作时没有自由。艺术是自由,要让这种自由占据业余的时间。于是,工作与业余的对立,与功利和非功利的对立相匹配。这是以大写字母 A 开头的艺术(Art)的现代观念,是以“美的艺术”(the fine arts)观念为代表的现代艺术体系得以形成的根本原因。

三 “终结”观视野下的艺术使命问题

在20世纪接近结束的一些年,也许受基督教与千禧年有关信仰的影响,出现了一些“终结”的说法。民间有,学术圈也有,其中有些还很有名。“终结”的话语成为学术语言,出现在不同的学科之中,激起了阵阵波澜。

怎么看待这些“终结”说? 如果你到国外旅行,常会在一些车站和繁华商业区看到有一两个人,身上挂着牌子,牌子上宣布,世界末日就要到了,有的说是明天到,有的说是明年到。对此,我们早已习惯了,视而不见。是不是这种“终结”话语的发明者与这些街上挂牌子的人,属于同一种性质? 谈论未来,一定要与当下有关。如果没有关系,那就像街上挂这种牌子的人,随他们去吧,他们有表达言论和信仰的自由,我们也有不理会他们的自由。然而,如果这种观点富有哲学的深度,揭示了当代生活的一些重要方面,那就需要我们认真对待了。

“艺术终结”的说法,是由阿瑟·丹托在1984年的一篇文章中提出的。我的一位学生张冰博士总结道,艺术在当代社会正发生着深刻的变化:艺术品被接受,不再依靠其提供的美感,而是依靠对它进行哲学的阐释;艺术已完成其历史史命,将被其他更高的精神形式所取代;艺术在表现手段上的进步的可能性被耗尽,不再能提供具有实际意义的创新;艺术所依赖的宏大叙事不再具有吸引力,从而导致叙事的终结。

这一切的变化使得黑格尔的预言,即绝对精神的最高表现形式将从艺术转向宗教和哲学,得到了实现。黑格尔将世界的历史描绘成一个进步的过程。这种进步是由于理念的进步。理念经历了自然界、生物界、人类社会,来到了精神界。绝对精神的发展也经历了三个过程:从艺术到宗教，再到哲学。艺术是理念的感性显现，宗教是理念的超越，而从感性再回到理念自身之时，在绝对精神中占据统治地位的就成了哲学。

说到“终结”，大家都熟悉一个人——弗洛西斯·福山，他讲“历史终结”。福山在丹托以后三年，发表了他的著名的关于“历史终结”的文章。这种“终结”说，同样来源于黑格尔。但是，丹托与福山对“终结”有着完全不同的解读。具体说来，这是两条不同的线索。从黑格尔经科耶夫到福山是一条线索，从黑格尔经马克思到丹托是另一条线索。

福山从一位法国的俄裔哲学家亚历山大·科耶夫那里受到启发，从自由民主体制的精神和唯心主义的立场来继承黑格尔主义。他从黑格尔的词句中捕捉了这样一个观点：历史终结于1806年。他说这一年拿破仑在耶拿—奥尔斯塔特会战中大败俄奥联军，这标志着法国革命的理想得到了实现。一位读着列夫·托尔斯泰的《战争与和平》长大的俄国人竟然有这样的思想，倒是够叛逆的。他忘记老托尔斯泰曾那么深刻地揭示和动情地描绘了天空的伟大和个人的渺小。

福山继承了这种思想，接受黑格尔的唯心主义历史观。他向“左”开一炮，说唯物史观强调经济对历史的推动作用是不对的；再向“右”开一炮，认为“华尔街杂志派”强调经济的决定作用也不对。于是，历史被归结为一种神秘的精神的力量。

阿瑟·丹托说的完全是另外一件事。马克思设想道：“在共产主义社会里，任何人都没有特殊的活动范围，而是都可以在任何部门内发展。社会调节着整个生产，因而我有可能随自己的兴趣今天干这事，明天干那事，上午打猎，下午捕鱼，傍晚从事畜牧，晚饭后从事批判，这样就不会使我老是一个猎人、渔夫、牧人或批判者。”[①]一个人可以从事多种多样的工作，而不是成为局限于某一个方面的专家。社会分工被打破，造成了社会的阶级分化，这是未来的共产主义的表现，这代表历史的终结。

根据这样的思路，阿瑟·丹托把艺术的终结说成这样一种情况：“正

① 马克思、恩格斯：《马克思恩格斯选集》，第一卷，人民出版社1995年，第85页。

如马克思也许会说的那样，你可能早晨是一位抽象主义者，下午是一位照相现实主义者，晚上成了极简主义者。或者你可剪纸，或者做任何你喜欢透顶的事。多元主义的时代来临了。你无论做什么都已无关紧要，多元主义的意思就是如此。当一个方向与另一个方向一样行得通时，方向的概念就不再适用。”①

这是否完全符合马克思的原意，其实已经不太重要。重要的是，把艺术的未来与经济和社会的发展联系起来，将它归结为人的活动方式而不是离开人的活动的某种抽象的观念，回到人的全面发展的理想。这三点，证明丹托所继承的，的确是马克思线索的黑格尔式“终结”观，与科耶夫和福山有着根本的区别。

“艺术终结”观也许并非宣布艺术的死刑。其实，即使宣布了，也无法执行。艺术在黑格尔之后蓬勃发展着。我们所熟悉的 19 世纪、20 世纪大量的艺术精品，都是在黑格尔身后出现的。因此，在黑格尔宣布“艺术终结”以后，艺术恰恰迎来了辉煌的时代。马克思说过，资本主义生产方式与艺术的某些部门相敌对。这也不意味着艺术就此终结。这种“敌对”会造就特别的艺术需要。在一个生活中没有诗的时代，诗的生产也有可能由于需要而特别兴盛。在一个领域匮乏的，在另一个领域会出现进行补偿的需要。

在说出“艺术终结”之后，丹托多次重提这种说法，并作出种种修正。他说，“终结”不是“死亡”。艺术终结后，还会有艺术，正像历史终结后，还会有人类社会一样。在这一点上，丹托与福山是一致的。他们都强调一个观点：终结的是“进步”。如果明天与今天一样，后天与明天也一样，或者说，有变化，但无发展，历史就终结了，艺术史也就终结了。

我们常常会对艺术的进步感到困惑。真的有某种东西叫作艺术的进步吗？

---

① Arthur C. Danto, *The Philosophical Disenfranchisement of Art*. New York: Columbia University Press, 1986. p.108.

制作性的艺术品可以在技术的进步意义上讲艺术的进步。能工巧匠的技能和诀窍代代相传,代代有所发展,从而造出精品。从故宫的珍藏到工艺美术展览中看到的工艺精品,我们都能感受到,精湛的传统的工艺成为一个民族的骄傲,被誉为民族智慧的结晶。它们绝非一人之功,也非一代人之功,是经历了许多代人才逐渐发展起来的。

造型艺术可以在对现实模仿的意义上讲进步。对"形"的征服,经历一个漫长的过程。绘画雕塑,要造得像,已经有很多人研究过。这是技能问题,要把握形;但又不仅仅是技能问题,要克服许多的观念障碍。例如,当我们说所造的是神像,必须按照某种程式来做时,就阻止了形的改进。一些实用的目的,也限制了人们对形似的要求。例如,正如恩斯特·贡布里希所分析的,神像、象棋的棋子、姜饼人、儿童画,以至一些社会公共场所的符号,都受着其目的的制约,不必过于追求形似。

造型艺术所追求的"视觉的征服",还有一层重要的含义:造得像,不等于照样制作。眼睛看到什么,就画什么,那还不简单?艺术史家们告诉我们,这不简单。这里面有视觉的设计,有贡布里希所说的"匹配",即对仿造物与被仿对象进行对照并对制作流程做出改进的过程,还有对视觉的时代和文化因素的适应,等等。

但是,这一切都有完成或接近完成之时。当这一切被完成或接近完成之时,艺术又会如何进步?没有进步的艺术会走向何方?这时,艺术终结的问题,就再一次被严肃地提了出来。艺术终结,不是指艺术死亡,而是艺术已经到了这样一个水平,失去了再往前改进的方向。艺术下一步怎么办?艺术的前景如何?

所谓艺术的前景,实际上是艺术定位寻找。前面已经讲到了这个问题:现代艺术观念的形成与资本主义生产的发展和市场的发展,有着密切的关系。但是,这种关系是以对立的形式出现的。工作时没有自由,艺术中有自由。在机器对人压迫,使分工越来越细,使生命机械化之外,艺术使得人的天才和灵感得以发挥,使得人的知解力与想象力协调发展,使得人的超功利的高雅趣味得以展现。这对社会也构成了一种补充。

然而，当社会进入到所谓的“后现代”之后，消费社会所推动的美化商品以赢得竞争的观念，对艺术提出了新的挑战。人人都说要重视消费，说我们进入到了“消费社会”。其实，有生产就有消费，消费是一个古老的现象。但在过去，都是生产促进消费，生产什么就消费什么。生产过剩了怎么办，是不是就是社会财富充分涌流了？可以按需分配了？好像又不是。过剩所带来的只是危机。今天，政治家与经济学家们都在说，要想经济走出危机，就需要民众有消费信心。人民敢花钱，经济就能发展。

由于生产过剩，就有强烈的竞争。竞争会造成什么？以我们的生活经验我们可以认为，竞争好，价格会下降，生产效率会提高，产品质量和售后服务都会好得多。我们这一代人在生活中吃够了计划经济的苦：产品质量差，服务态度不好，商店里货架空空。去买东西，一问三不知，一问三没有，再加上一问三不理。东西没有买到，带着一肚子气回来了。现在好了，实行市场经济，产品的质量、服务态度全面改善，货架充盈，要什么有什么。

然而，竞争的弊端也会暴露出来。过去，生产是为了满足需要。人们的理想是物资极大的丰富，社会财富充分涌流。那么，需要已经被满足之时，人们不愁吃、不愁穿之时，又会出现一个问题：人们怎么知道已经被满足了？

需要是可以被制造的。生产制造需要，要通过生产改变人们的消费习惯以及相关的消费观念，要通过新产品的生产制造时尚并刺激人们的需求，要通过消费的发展使人们处在一个永不满足的物质追逐之中。这样，经济就发展和繁荣了。

在“后现代”的“消费社会”中，艺术在哪里？艺术家在哪里？他们还有什么事可做？如果要谈论“艺术终结”，就必须把这些问题鲜明地提出来。

首先，产品被美化。搞搞设计，使产品的外观、包装都变得漂亮些。也许，那是艺术家的学生们做的事，“真正的”艺术家不愿去做。也许，设计曾经并仍然向艺术学习。但是,设计改变世界,人们随着现代化的进程,从生活在自然环境中,变成生活在人造的环境之中,生活在一种设计出来的世界之中,这就既是他们的幸运,也是他们的宿命。

产品竞争的规律,从品质和服务延伸到了审美领域。当产品的生产都已成熟,不再存在着明显的质量问题时,外观就变得非常重要。我们买笔记本电脑,买汽车,买冰箱电视,都要考虑是否好看。美学决定了竞争力。

有人说,由于审美因素造成了财产观念的弱化。这是不对的。这其实是强化,只是表现形式转化了。财产没有消失,穿着简约而有品位的明星比打扮得穿金戴银、珠光宝气的乡下土财主的女儿,要更加好看,也更能显示出有钱的样子。

这时,出现了这样的悖论:美学主张审美无功利,商品的美恰恰成了财富的象征。对于艺术家来说,搞设计并不是最重要的工作,重要的还是创作出艺术品。但是,如果日常生活中所使用的物品都已经被美化、艺术化了,那为什么还需要艺术品?艺术家们教出的学生们学到了一些造型的规律,于是,在商品设计时,他们就"按照美的规律"去制造,让艺术家们无事可做了。"劳动创造了美",但既然美已经通过生产劳动创造出来,为什么艺术家还要再创造一次呢?

其次,艺术被产业化。艺术本来是个人创作,如果说天才与灵感还不被后来的美学家们强调到那么高的程度的话,最起码,艺术家与接受者有着一种个人与个人直接的关系。妈妈做的饭,是个性化的,因此,我们就喜欢。街区小饭店,仍有个人与个人的关系在,老板致力于在产品反馈中的不断改进,也致力于一种宾至如归的服务。但是,现代连锁店所能提供的,就只是标准化的服务了。这种标准化的标准是创意的结果,创意创造出来,经过试验被认为可普遍接受后,就大量复制推广。现代创意产业,也与此相类似,艺术家被放到了一个巨大的生产过程中,其中也需要创意,但创意要通过制作、复制、广告宣传、品牌推广等复杂的过程才能实现。

以上两种情况，前一种是工业艺术化，后一种是艺术工业化。这是现代社会不可避免的现实。也许，正是无所不在的美，迫使艺术放弃美。一个处处皆美的世界，像迪斯尼乐园一样的幻境，也许我们也需要，但这不是人的家园。这是先锋艺术与美脱离的根源。许多学者都提出这样的话题。沃尔夫冈·韦尔施提出，在处处都美时，艺术要使人震惊。但是，如果艺术只是要给人以震惊的话，是不是会给各种各样的胡闹开辟方便之门，使艺术界变成疯人院？一些西方当代马克思主义美学家提出救赎的概念，认为面对当代社会的种种弊端，艺术能够起到救赎的作用。

救赎说与前面所提出的补偿说有类似之处。补偿是指社会营养不良，要补充营养。经济发展了，精神有缺失，在艺术中提供补偿。救赎则是指社会有了疾病，艺术是救世的药方。在性质上，两者当然是有区别的。用以补偿的营养品是美好的，艺术与美结合在一起。用以救世的药品不一定美，甚至与美无关，正像良药苦口一样，于是，提供的是震惊、恐怖、恶心，其中不具有刺激性的也不过是无色无味而已。这种区别如果被放大的话，就成了现代主义与后现代主义的区分。现代主义仍然追求美，是一种补偿；后现代主义放弃了美，就成了救赎。

无论是补偿还是救赎，都不是生活的常态，正像无论是营养品还是药品，都不是生活必需品一样。所有这些理论，都是以艺术与生活的两分，以物质与精神的二元对立为基础的。怎样才能回到艺术与生活的合一？怎样才能真正走向物质与精神相连续的一元论？这都是问题，也同时是解决问题的思路。

这里，我想再次回到一个我曾经多次举过的例子。毕达哥拉斯说过，参加奥运会的有三种人，第一种是运动员，第二种是观众，第三种人是来做生意的。在这三种人中，谁最高贵呢？他给了一个奇怪的回答：观众。这一回答代表了欧洲哲学的一个大传统，即对世界和人生的旁观者态度。由于旁观，于是产生主客二分，劳心、劳力二分，物质、精神二分。这种态度需要

“终结”；只有“终结”，我们才能走出“二元”而回归“一元”。

那么，什么叫作“一元”呢？最根本的一条，就是回到活动而不是静观的立场，回到一种人与人的直接关系之上，回到对参与者的最高的尊重之上。参加奥运会的三种人中，最高贵的应该是运动员，不是观看的贵族，也不是来挣钱或提供赞助的生意人。同样，在艺术活动中，要回到艺术家的主体地位之上。

结语　回到人与人的直接关系

让我们再次回到这个例子：车站附近的小饭店与城市老街区里的老字号的区别。前者依靠品牌的力量，有了改进。但是，我们还是喜欢老字号饭店中的那种个人与个人的关系。

回到人与人直接的关系，是回到一种诗意的过去。古代文人会相互赠诗赠书画，把自己觉得很得意的作品送给朋友。一位手艺人对自己的作品感到满意，用它来挣钱谋生却又不仅仅是谋生。这样的关系，这样的生活和艺术的态度，对于现代社会还有没有价值？它能否作为一种因素留在对未来社会的理想之中？它们的价值何在？问题很多，也很有意义，我们需要继续想下去。我们也可以从自己的实践做起。这才是更重要的。从现在做起：改造我们的生活！改造我们的艺术！

第十一章　划界与越界的背后:艺术性的寻找及其意义

在今天,讨论艺术的越界似乎成了一个时兴的话题。仿佛艺术原本有一个边界,一直被坚守着,而现在过时了。谁再守这个边界,就是保守;谁突破这个边界,就是新潮。艺术要不要越界,变成潮人与古人的标志。

一　“艺术”与“非艺术”界限的形成

当谈到古代的“艺术”时,我们是在说两种意思:一是说古代的艺术作品,那是按照现代对“艺术”一词的理解,对古代的一些人类制作的珍品的认可;另一种是古代的艺术理论,即古代人对与“艺术”相近的概念的理解和他们对艺术与非艺术区分的尝试。

从历史上看,艺术与非艺术的区分代表着一种对人的活动及作品的特殊的分类法。这不是依据其外形和功能所作出的桌子与椅子之分,不是依据其媒介所作出的唱歌与跳舞之分，而是依据某种形而上的、心理的，以至于社会的观念所作出的带有根本性的区分。

这种观念在不同的理论家那里有所不同。在柏拉图那里，艺术与现实的区分，依据一种美学上的宏大理论：模仿。柏拉图提出了“三张床”或“三把刀”的命题，据此提出了三个世界的理论。第一个是理念的世界，它在一般情况下看不到，是世间万物的原型。第二个是现实的世界，木匠打造了床，铁匠打制了刀，各种手艺人制作了现实世界中的万物，他们都模仿了作为原型的理念。第三个是艺术的世界，这是对现实世界的模仿。艺术家模仿了现实世界，构成了一个关于世界的虚幻的镜像。柏拉图的这种理论代表了一种理论向度，即尝试将艺术与工艺从根本上区分开来。尽管柏拉图对艺术采取敌意的姿态，因而被鲍桑葵说成代表着“敌视艺术的早期思想界”，但他毕竟对“什么是艺术，因而什么不是艺术”提供了一种意见。这也许是欧洲人对艺术边界的最早的划定。

中国古代也有不少对艺术的规定。例如，唐代的张彦远在《历代名画记》中对吴道子评论道：“夫用界笔直尺，是死画也。守其神，专其一，是真画也。死画满壁，曷如污墁。真画一划，见其生气。”他以是否使用制图工具作画来区分“死画”与“真画”。宋代郭若虚在《图画见闻志》中认为：“凡画必周气韵，方号世珍。不尔，虽竭巧思，止同众工之事，虽曰画而非画。”“气韵”成了能否被称为“画”的标准。苏轼《净因院画记》重视画理，认为，“世之工人，或能曲尽其形，而至于其理，非高人逸才不能辨”。艺术与工艺的区分，与是否是“高人逸才”联系了起来。类似的关于真正的艺术与工匠的工艺的区分，在古人的论述中随处可见。从这种种论述中，我们虽然看不到柏拉图式的形上论辩，但区分艺术与工艺是许多艺术家和艺术史论家的共同追求。

也许中国人与欧洲人在艺术和美学的许多认识并不“殊途同归”，但在通过区分艺术与工艺以实现艺术的划界这一点上，中国与欧洲，也许与世界各国，都是一致的。无论在古希腊罗马，中世纪和文艺复兴的欧洲，还是在古代中国，艺术理论的建立都有着一个共同的理论使命，说明艺术与工艺有什么不同。

18 世纪时，法国人夏尔·巴图（Charles Batteux）尝试建立一个艺术体系，将诗、绘画、音乐、雕塑和舞蹈包括进来，并称为 beaux arts，英文一般译成 the fine arts，中文通译为“美的艺术”。巴图的这种观点，在经过修正以后，成为狄德罗主编的《科学、艺术和工艺详解百科全书》所依据的概念框架的一部分，从而被人们普遍接受。巴图建立这种艺术体系的意义有两条：第一条就是把“美的艺术”与其他的“艺术”（arts）或“工艺”区分开来。有所包容，就必然有所排除，这里所排除的，就是工艺。

巴图建立艺术体系，还有第二条意义，就是为“美的艺术”寻找“单一原理”。他所寻找的这个原理还是“模仿”。模仿说是西方美学史上的宏大理论，柏拉图从否定的意义上提了出来，被沿用了两千年。到巴图那里，形成了正面的、统一而涵盖一切艺术的、带有规定性的概念。对于 18 世纪的人来说，诗、画、乐都是模仿，只是模仿的方式不同而已。

在巴图以前的让—巴蒂斯特·迪博，在他以后的戈特霍尔德·莱辛，都论述了诗与画的区别，但他们都是在“模仿”的前提下谈的，他们试图说明的是，诗与画是不同的“模仿”。当然，模仿说后来随着艺术的理论的发展而被人们逐渐放弃。在这里，也许可再一次使用黑格尔的“扬弃”一词。此后有关于艺术的“情感表现说”“情感传达说”“有意味的形式论”，以及艺术的“情感符号论”等等，这些理论里面多少都有“模仿”的影子，甚至是变相的模仿论。这些理论也都试图将艺术归结为一个单一的原理，并以此实现在艺术之内各门类间的相互统一，以及艺术与工艺的区分。

将艺术与工艺区分开来，这是现代美学的巨大的理论努力的一个中心目标。现在流行“核心价值观”一词，区分艺术与工艺，正是现代美学的“核心价值观”。现代美学与艺术理论，现代文学与艺术史研究，文学与艺术的评论，以至于整个“艺术界”，都是围绕着这种价值观运作的。

美学家们创造了“美的艺术”一词，赋予了它种种内在的规定性。这方面做得最系统的是康德，他论证了美的无功利性，美与“目的”之间的关系，艺术的自律，艺术、天才和趣味之间的关系，如此等等。有了“美的艺术”的观念，人们致力于区分艺术中的雅与俗，对艺术作品进行选择并加以经典化，使理论的教义转化为生动的艺术样板。他们还将这种活动沿着历史线索进行逆向延伸，伸向古代，将一部分古代人的作品也看成“美的艺术”的作品，并将这些写进艺术史。

根据当下的理论来解读历史，再通过历史感的建立来论证与强化理论，经过这种双向的互动，现代艺术观念和体系得到了确立；进而，由于这种观念和体系所带来的制度层面的操作，形成了关于艺术的教育、出版发行、展示或表演、宣传和评论等制度，现代艺术观念不断得到强化。人的一些看似普遍的观念是能够在较短时间里形成的。有时，短短的一两代人形成的思想、习惯和风尚，会使人感到仿佛是古已有之。经过一段时间的“价值观”的建设，通过教育，通过艺术的创作、生产、流通、消费，通过艺术的展示、艺术史的写作和艺术理论的建构，现代艺术观念就已经深入人心，仿佛融入到了现代文明的血液之中。这时，如果有人再把不是艺术的事物当成艺术，挑战这种仿佛古已有之的艺术与非艺术的区分，就显得大逆不道。

二　艺术边界的扩展及危机

现代艺术体系建立后，有一个不断扩展的过程。这种体系的建立，原本依赖于诗、绘画和音乐三者的结合。这三者最关键，横跨三种最重要的媒介。在此之前，只有二者结合，诗与画，或者诗与乐。只有到了18世纪的欧洲，才开始有人认真地尝试这三者在美学意义上的联系。有了"三"，很快就有了"五"。在巴图那里，绘画加上了雕塑，音乐带进了舞蹈，形成了诗、绘画、音乐、雕塑和舞蹈这五项的结合。有了"五"，很快就有了"七"，依照巴图的说法，建筑和演讲术被加了进去。此后迅速膨胀，各门艺术内进一步细分。诗分叙事和抒情，又有了小说和散文。其他艺术又出现进一步的分化，绘画、雕塑、音乐、舞蹈又各自再细分。不同门类之间又有相互的交叉和综合，终于发展出一个巨大的艺术家族。

这种家族扩张所遵循的路径，主要有两条：一条是原有艺术基因在新条件下的复制。例如，从古老的综合艺术戏剧到现代的综合艺术电影和电视剧，从传统音乐到电子音乐，从印刷术的发展带来小说的繁荣，到当代网络小说的大爆发。随着媒介的变化，这些艺术无论在表现力、影响范围，以至内在容量、表现形式等方面，都必然发生巨大的变化。当然，这些变化还只是传统艺术在新条件下的延伸。

另一条扩张途径是向原有艺术边界发起冲撞。例如，民间和通俗大众艺术的引入，就是在挑战"美的艺术"的体系。本来，"美的艺术"概念的提出，是在区分艺术与工艺的同时，对民间和通俗艺术进行压制。这种压制有在资本主义经济发展的背景下对功利主义的原则的反作用的因素。我曾经在一个地方说过"有霍布斯就有夏夫茨伯里"，就是想说明，功利主义盛行之际，就有在美学和艺术上的反弹，出现审美无利害和艺术自律的要求。这里我想说的是，这种美学上的要求在这样一种历史的温床上培养起来。18 世纪，主要是从辉煌的路易十四、经漫长而平庸的路易十五、到风雨欲来的路易十六时代，在近一个世纪之久法国君主专制政体下，贵族趣味和古典主义艺术风尚占据着统治地位并对欧洲各国产生着深远的影响。18 世纪艺术所具有的重古典而反民间、重高雅而反通俗的特点和这一时代的普遍趣味哺育了形成期的现代艺术观念和体系。

然而，从浪漫主义运动开始，到后来的历次社会革命浪潮，人们总是不断地把来自民间和社会低层的趣味带入到艺术中来，这就一次又一次地冲撞原有的艺术的边界。18 世纪的艺术用“古典”一词演出了一幕现代的大戏，而 19 世纪时“民间”概念与革命概念结合在一起，登上了历史舞台。当然，这种概念传到中国，已是 20 世纪了。随着革命意识形态在中国的发展，民间趣味成为一个潮流。今天，我们可以看到，天桥的把式能进入艺术殿堂，中国文联有民间艺术家协会和曲艺家协会，都是这种冲撞的结果。

无论是复制还是挑战，到了今天，都已经是古老的、我们所熟悉的发展现代艺术体系的方式了。在当代社会，艺术所面临的，是另外两种挑战，它直接威胁着艺术的生存。

第一个挑战来自于艺术家们自己。他们不再满足于制造柏拉图所规定的镜像了。柏拉图说，艺术家们所制作的，不过是“影子的影子”而已，其中真理成分很少，道德上也有问题。说它真理成分少，是因为理念才代表真理，现实生活模仿理念，已经经历了一番信息损耗；艺术再模仿现实，又得再损耗一番。说它道德上有问题，原因在于艺术家总是喜欢模仿灵魂的低下部分，如欲望失控、激情释放，于是，古希腊的悲剧中，总是有凶杀、乱伦的主题。那怎么办呢？柏拉图的批评成了走出模仿说的借口，当代艺术家们对此所作出的回答是，走出镜像，还原到现实生活之中。现实中的一切，都能成为艺术。杜尚就是这么做的，拿来一个便池，说这是艺术。于是，拾得物、现成物、日用品，都能成为艺术。艺术的边界被打破了。

第二个挑战则来自于艺术家的“学生们”。以“美的艺术”概念为标志的现代艺术体系的建立，暗示着一种结合，这就是美与艺术的结合。“艺术”与“工艺”的区别，在于“艺术”要比“工艺”高雅，更能代表美。现代艺术体系的观念、美学理论、艺术史和评论的写作、各种现代艺术机构的设置、国家的艺术拨款制度、艺术赞助制度、现代意识形态影响下的中产阶级对艺术的收藏和消费习惯，曾经对艺术的发展产生着决定性的影响。然而，在今天，这一切都遇到了危机。

艺术家们所培养的第一种必然成为自己的掘墓人的学生，是工业设计人员。各行各业，从私人汽车到手提电脑，大到房屋装饰，小到掌上的手机，都发狂地追求美并美得令人发狂。造得漂亮些，再漂亮些，让人一看就喜欢，把感性的吸引力发挥到极致，使产品个性化，适合不同的性别、年龄、社会阶层的人，这是不可阻挡的时代潮流，只要实行市场经济，此潮就会越涨越高，此流就会越流越猛。无论是产品的形状、色彩、光泽，还是材质的使用，设计者们从“美的艺术”那里学到了太多的东西，同时也把它们用在了太多的地方。徒弟从师傅那得到了真传，师傅就没饭吃。美被设计人员所接管，艺术就只好与美分离。我们来到了一个美的世界，在这个世界中，艺术变得多余。

艺术家们还在另一种行业的从业人员中培养另一种学生，甚至他们自己也不得不到这个行业打工，这就是“文化产业”，或者叫“文化创意产业”。文化产业的发展不可阻挡，这也是时代的潮流，还是经济的一个重要的增长点。搞文化产业的人，当然得向艺术家们学习，最好艺术家们也去参与。这都是没有问题的。我们的问题是，文化产业是艺术吗？文化产业之外还需要艺术吗？这样的艺术又有什么存在的价值呢？如果说，在过去 3 个世纪的艺术中，18 世纪的艺术关键词是“古典”，19 世纪的关键词是“民间”的话，20 世纪的关键词大概是“通俗大众”了。艺术走向大众，大众的趣味进入到艺术之中。艺术被大规模生产，整个世界被艺术化。艺术的全面胜利,带来的却是"艺术终结"的恐慌。

当阿瑟·丹托说"艺术终结"时,他是在说,艺术被哲学化,艺术的历史意义丧失,艺术进步的可能性被耗尽,以及叙事的终结。后来的历史发展证明,丹托的这四个预言都说错了。艺术不会这么被"终结"。现在我们所面临的,是艺术进入生活并成为生活的一部分,艺术与美的脱离,并且被文化产业所取代。这是另一种"终结"。如果说艺术要在这种终结的威胁下"向死而生"的话,那么,这时的生机则应该是:重新回到艺术的定位,以此来确定艺术的边界和考察艺术的命运。

三　艺术定义的困难与功能的转换

阿瑟·丹托在讲到什么是艺术时,感到一种下定义的困难,于是,他给了一个极抽象的定义:艺术是在一定的历史阶段,借助理论阐释能获得意义之物。这个定义能够满足他所面对的对象,特别是解释现成物和拾得物为什么能成为艺术的理由。依照他的理解,一物是否能成为艺术,不是由于它本身的原因,而是由于历史和理论阐释。

对于丹托来说,最重要的问题是,为什么像杜尚的《泉》和安迪·沃霍尔的《布里洛盒子》这样的作品能够成为艺术品,以及外观上不能区分的两件物品,一件能够成为艺术品,而一件却不能。从这个意义上讲,他的定义是一个创举,解决了许多难题,也产生了巨大的影响。然而,这种说法有一个根本性的错误:他把艺术看成只是一种被动地存在于历史之中,等待解释的事物。由此,我想起马克思的一句话:哲学家们总是用不同的方式解释世界,而问题在于改造世界。我们对艺术的理解也是如此。我们面对一些被公认为艺术品的事物,说明它们成为艺术品的理由,只是解释而已。人人都说某物,例如,杜尚的《泉》是艺术,这就向理论提出了要求。一个最好的理论,仿佛就要给这种物品提供它成为艺术品的合理解释。但是,他解释清楚了吗?解释后又如何呢?人们接着问下去,于是这理论似乎又在发展。但是,如果一种理论只在解释中打圈圈,所"终结"的,就不是它的解释对象,而是理论本身了。

约翰·杜威在涉及艺术定义问题时,曾提供了一个观点:不要从公认的艺术作品出发,而要绕道而行。从公认的艺术作品出发,是定义的恶性循环:根据定义确定什么是艺术作品,又根据艺术作品寻找艺术的定义,逻辑上自我重复。这是找到了问题的关键。现代艺术观念和体系,正是在这种自我重复中得到确立,并得以强化的。分析美学所寻求的关于艺术的定义,仍是这种思维的惯性:从公认的艺术作品中寻找艺术的定义。只是这时,"公认"本身也被体制化和理论化,与感觉脱离了。也许,走出这种循环,回到生活本身,是通向理解艺术的正确的途径。但是,这仍然没有回答,艺术在生活中处于什么位置。

由于当代关于日常生活审美化话题的影响,关于艺术边界的讨论,常常会被诱导成一个似乎充满浪漫精神的口号:所有的人都是艺术家,人们所生产的一切都是艺术品。当人们对工业产品的美的关注胜过其功能本身之时,它是不是就被艺术化了?当人们对艺术品的消费被文化创意产业生产出的产品所取代时,艺术与工艺是不是就已经在经历了历史所必然导致的分离之后,又在一个高层次上会合了?

近年来,出现了众多的关于把艺术与工艺重新结合,从"生产"和"消费"方面来看待艺术,从而建立艺术的"生活"和"消费"理论的尝试。这时,艺术的边界问题就再一次被突出地提了出来。艺术的边界问题似乎是一个老问题,被人们关心了三千年,议论了三百年,这次再提,是不是新瓶装旧酒,只是花样翻新?也许,人们可以用一句政客们的选举语言说:这一次与以往不一样!以前,艺术的边界只是一次次被冲撞,经过多次冲撞之后,艺术的边界变得更有弹性,或者说,冲撞使艺术从 18 世纪所具有的刚性的边界,变成了 19 世纪和 20 世纪越来越柔性的边界。这一次则不同，无论在艺术的理论和实践之中，都有一个更大的企图，要一举全胜，毕其功于一役，实现艺术与工艺、艺术与生产、艺术与生活的融合。

当可以开着最漂亮的汽车，用着造型最别致的平板电脑，手持功能最全的手机，住在最美的居室里，欣赏着超大屏幕的立体电视时，艺术可以终结了。不是说艺术是造梦吗？艺术产业化，产业艺术化，携手造梦，等到梦实现了，艺术就消失了。然而，人又不能只是生活在梦里，梦醒后还会有现实。

最近读马尔库塞，他提出了克服人的“单向度”，需要艺术来救赎的观点。这个观点非常有意思，不仅他有，齐美尔、韦伯，以及许多法兰克福学派的学者都有此观点。沃尔夫冈·韦尔施也说过，一些英美左翼学者也提到。这种观点认为，日常生活审美化，美被滥用，结果是负面的。处处皆美，也就无所谓美。艺术的使命是对这种社会进行救赎。在一定程度上，我也同意这个观点，艺术应该是生活的解毒剂，而不是迷幻药。

然而，如果把艺术的存在放在这样一个基点上：艺术是“异化社会的异化”，即由于市场和资本的运作，在浮华的美丽外观下，社会被异化了。中毒就要解毒，昏睡需要唤醒。于是，社会的异化程度越深，反异化的药就要下得越猛。由此推出，艺术的繁荣是社会病得沉重的表征。这是一个可笑和可怕的推理。

艺术可以而且必须起救赎的作用，但艺术的本质不在于救赎。“异化”理论基于一种思路，这就是“回归”。在思想史上，人们在构想未来时，总是喜欢从过去汲取灵感。问题在于，回到什么样的过去和怎样利用过去。

写到这里，我想起了马克思曾经作出过一个区分。马克思说：弥尔顿出于春蚕吐丝式的需要而创作《失乐园》，后来他得到了 5 镑，他是非生产劳动者。如果一位作家为书商提供工厂式的劳动，他就是生产劳动者。

这一区分很具有启发意义。艺术与非艺术的不同，不在于所制作物品的形态，不在于它所产生的效果，而在于制作者的处境、意愿和姿态。

作家也要生活，艺术家也要有经济利益。如果他们能将创造本身当成第一需要，那他们就还是艺术家，他们所创造的就还是艺术品。如果他们把追逐赢利的要求看成第一需要，以赢利为成功的证明，以赢利的量来衡量成功的量，那他们就是生产者，他们所制作的就是产品。

结语　艺术的边界就是创造的边界

说到此，我们可以设想，艺术的边界就是创造的边界。艺术与商业化的生产总是处在博弈之中。在其中有冲突，也有妥协。艺术是与工艺、与商业化生产、与平庸的重复等相区别而存在的。它所珍视的是个人的独创和这种独创的春蚕吐丝式的流露，只要这样的东西还存在，还受尊重，艺术就存在。这是一种真正的艺术精神，它的发挥就成了真正的艺术因素，它的边界正是艺术的边界，不管存在于什么媒介之中，也不管以什么形式出现。

对于同样一种物品，如果从独创性的角度来看它，是艺术品；如果从赢利的角度看它，就是商品。由此，我们可以进一步说，一位制作者始终在制作中保持原创精神，就是艺术家；一位制作者将赢利和其他外在目的放在第一位，就是生产者。这样一种差别，使得艺术的边界扩大了，也缩小了，使得人人都能成为艺术家，也使成为艺术家难上加难。

“艺术”在未来的命运如何？人们可以给它“长命百岁”的祝福，但不能给它“长生不老”的保证。但现代艺术观念和现代艺术体系总会留下永久的痕迹，带来永久的活力。它会以怎样的形式生生不息呢？等着看吧。

第十二章　美育与社会改造

美育是美学研究的一个重要的向度。美学不应该成为纯思辨的学问，要关注艺术的创造与欣赏，关注对自然的观赏和情趣的培养，也要关注审美教育。关于审美教育，有一些不同的理解。有人取其狭义，说美育就是音乐、舞蹈、绘画和其他美术的能力教育，但更多的人还是取其广义，将美育与情感教育、人性修养、人格的养成等联系起来。

一　从社会改造的角度看美育与实践

人的教育与社会的改造是互为因果的关系。一方面，社会是由众多的单个的人组成的，好的社会是人建设起来的，我们可以说，有了好的人，才有好的社会；另一方面，人是在社会中受着环境的影响，在教育中形成的，我们又可以说，有了好的社会，才有好的人。于是，好的社会是好人建的，好人是在好的社会中教育出来的。先有好的人还是先有好的社会，成了 个鸡生蛋还是蛋生鸡的问题。多少世纪以来，一些哲学家和社会改革家们为此困惑不已。

以倡导美育而闻名于世的德国人席勒，两百多年前面对这种教育者也要受教育的问题，提出了一个解决办法。他写道：

> 一个仁慈的神及时地把婴儿从他母亲的怀中夺走，用更好时代的乳汁来喂养他，让他在远方希腊的天空下长大成人。当他变成成人之后，他——一个陌生的人——又回到他的世纪，不过，不是为了以他的出现来取悦他的世纪，而是要像阿伽门农的儿子那样，令人战栗地把他的世纪清扫干净。他虽然取材于现在，但形式却取自更高贵的时代，甚至超越一切时代，取自他本性的绝对不可改变的一体性。这里，从他那超自然天性的净洁的太空，向下淌出了美的泉流；虽然下面的几代人和几个时代在混浊的旋涡里翻滚，但这美的泉流并没有被它们的腐败沾污。（弗里德里希·席勒《审美教育书简》第九封信，冯至、范大灿译，北京大学出版社 1985 年，第 45 页。）

一纸书简，写出了席勒对当时的德国状况的焦虑，对审美教育的期待，对强者的渴望。

对于德国的社会进步和国家统一，席勒寄希望于像希腊英雄那样的改造世界的巨人。他当然也意识到,教育者也要受教育,但他认为,教育者可以在另一个不同的空间中受教育。在希腊蔚蓝色的天空下,在一个更高贵的时代,一个更好的时间和空间,拯救世界的英雄可以被培养出来。这样,鸡与蛋相生的循环,庸人与懦夫相生的循环,就可以被打破。这里的希腊,当然只是古典的希腊,他心中的希腊。在当今的世界,我们到哪里去找这样的希腊呢?在为奥运圣火点火时,我们找不到真正的女祭司,而只能找演员来扮演。帕台农神庙依然屹立,但荷马的时代已经一去不复返了。

这个问题困扰着当时许多哲学家、思想家和社会改革者,于是出现了很多的论述,成为德国古典哲学的一个流行的话题。马克思有一段名言对此作了破解:

> 关于环境和教育起改变作用的唯物主义学说忘记了:"环境是由人来改变的,而教育者本人一定是受教育的。因此,这种学说一定把社会分成两部分,其中一部分凌驾于社会之上。
>
> 环境的改变和人的活动或自我改变的一致,只能被看作是并合理地理解为革命的实践。"(马克思《关于费尔巴哈的提纲》,《马克思恩格斯选集》,人民出版社,1995 年版,第 55 页。)

我们不能寄希望于希腊的天空,尽管希腊的天空今天仍然那么蓝;我们不能寄希望于引来一个超人,这个超人如果真的存在的话,能给我们带来的是福还是祸,也未可知;我们不能将社会分成两部分,一个高而另一个低,如果那样的话,他的倡导者就自相矛盾,一方面要社会解放,另一方面公开承认社会不平等。马克思说,要在"革命的实践"活动中,环境和人得到共同的改造,从而实现社会的进步,这能够给我们许多启示。

这个"革命的实践"是什么?我们当然不能离开"革命",但这种"革命"不排斥作"革新"的理解,"继续革命"和"不断革命",都是不可取的。

革命后要建设,其中既包括经济和社会建设,也包括人的建设、心灵的建设、美的建设。这两个方面的结合,照马克思的话说,就是"按照美的规律来建造"。

二 解读人的全面发展

美育常常被人们作两种不同的理解:一种是广义的,一种是狭义的。广义的美育指对人的性格的全面培养,造就健全的人,从而造就健全的社会。狭义的美育指对艺术和自然的审美教育,主要指对艺术欣赏能力的教育。

前面所讲到的席勒关于审美教育的思想,是广义的美育。在现代社会,美育这个词常常被人们用来指狭义的美育。艺术欣赏需要培养能力,人需要成长为一个能欣赏艺术的人,这本身就包含着一种美学观。这种美学观是说,人的艺术能力并不是天生就具备的,是要通过学习获得的。这种学习,可以包括这样几个方面:首先是有关艺术知识的学习。在绘画中,有关于线条、色彩和形体的知识,在音乐中,有关于音乐调式、和声等方面的知识;在文学中,有关于文体的知识,包括关于诗歌的韵律、小说的叙事方式、戏剧的结构等等。这些都是艺术理解的重要因素。我们过去有一些文学概论和艺术概论类的教材,给学生提供这方面的知识,帮助学生对文学艺术有一些基本的了解。第二,艺术欣赏能力的提高,并不是孤立地学习上面所说的这些知识,而是要在艺术欣赏过程中培养欣赏能力。这就好比学习一门外语,抽象地学习几条语法规则,对于理解这门语言没有什么帮助。相反,大量地接触一门外语,在读、写、听、说的活动中,沉浸在这门语言中,即使对这门语言的语法知识不够丰富,没有很高的关于该语言的语法方面的理论知识,也能达到对该语言的理解。第三,理解艺术，需要从历史到社会、从哲学到宗教等多方面的知识。如果说艺术是一个小宇宙的话，那么，对大宇宙的理解，就成了对小宇宙理解的前提条件。第四，对艺术的理解，是与对生活的理解联系在一起的。对生活、对社会有着深入理解的人，有丰富的生活经验的人，才能在对艺术的理解方面达到一个很高的境界。这么说来，能懂艺术不是一件易事，要长期的学习各方面的知识，也要有丰富的人生的阅历。

在美学史上，曾有一种将艺术欣赏等同于趣味判断的观点。我们知道，英语中有一个谚语：谈到趣味无争论。这种观点很容易滑到一种关于艺术欣赏的相对主义上去，即认为每个人的趣味都是平等的。你喜欢莎士比亚，他喜欢福尔摩斯，你和他的趣味平等吗？你纵论神圣的荷马，他在说哈里·波特的故事，你们的趣味是在一个档次上吗？于是，争论就开始了。

趣味说会带来一种看法，认为艺术欣赏不过是对于客观对象的主观欣赏而已。一些人面对思想深刻的伟大作品味同嚼蜡，而喜欢一些惊险恐怖或者滑稽荒诞的故事，那么，就让他们做喜欢做的事。假如他们这么做，对别人无害，对自己能提供快感，达到休息、调节情绪的目的，那也不错。这是一种想法。与此相反，人们从趣味说中，又总结出另一种看法：作品与作品不同，趣味与趣味也不同。一位小学生看儿童画报，可以津津有味。给他讲讲黑猫警长的故事，或者让他看米老鼠唐老鸭的动画片，他觉得趣味无穷。但当他长大以后，就不再满足那些儿童故事和动画片了。他开始读更复杂一点的作品。我们能说，这位小学生不是在进步，而只是变化吗？显然不能，他的进步是明显的。随着年龄和知识的增长，他学到了很多的东西，他的艺术欣赏能力也在提高。这并不否认不同年龄、不同知识水平和欣赏水平的人，可以欣赏不同的东西，他们的审美要求也有权得到满足。但是，既然人的审美趣味与教育水平挂上了钩，再说它们之间无高下之分，就很难成立了。

文化教育水平高的人与文化教育水平低的人，在欣赏趣味方面的不同可以明显地表现出来。这时,人们实际上就已经不再坚持“谈到趣味无争辩”了。实际上,人们并不是不争辩,而是一直都在争辩。他们聚在一起,说新出的某部电影好或者不好。在他们之中,某些人似乎更能说服别人,使他们的趣味得到更广泛的接受。一些批评家们在写批评文章,说服别人也接受他们的观点,其中一些人成为著名的批评家,他们的批评为大众所看重,也让艺术家敬畏三分。在这些活动中,人们心照不宣,都有一个共识:艺术作品是有高下之分的。作家、艺术家和其他的艺术从业者们生产着不同类型的文学艺术产品,艺术行业的管理者们对它们进行着分类管理,并在这种管理中显示出倾向性,这种倾向性就是对高下不同的艺术进行区别对待。从事文学艺术的历史写作的人,也在进行着选择,他们总是将“有限的”篇幅,留给他们所认为的最重要和比较重要的艺术家、艺术作品和艺术现象。所有这些都表明,人们在对趣味进行着争辩,并宣示这种争辩的结果。

作为这种争辩的继续,他们确认,人与人的艺术欣赏能力有高下之分。这种高下之分,在有些方面是明显的,有些方面则不明显。人的数学能力有高下之分,遇到一道难题,我做不出来,别人做出来了,我得承认,他的数学能力比我强;人的语言能力有高下之分,我懂一门外语,别人懂三门,我碰到这方面的问题,就向他请教。艺术欣赏能力也是如此。碰到我不懂的艺术品,不能不懂装懂,不能觉得我已经在别的领域有了成就了,或者有了社会地位了,就自然成为艺术方面的专家。我仍然需要通过学习,懂得多一些,慢慢看出门道,看出味道。

以上是说狭义的美育,这种美育的目的,是培养懂艺术的人。广义的美育则不同,要培养心智健全、全面发展的人。人们的学习,常常被直接的目的所引导,从升学考试到职业培训,都具有直接的目的。这些直接目的,常常使人片面地发展,只发展有直接效用的技能。人们在日常生活中也是这样,常常在生活中学会一些处理各种事务的能力,学会应付各种人际关系的能力,所有这些,也都具有直接功利性。怎样在这些能力的片面发展之上，获得人的知识、能力、性格和修养的全面发展，使学习成为一种生活方式，怎样使艺术能力成为生活的一部分？随着社会的现代化进程的发展，随着教育被日益专业化，学术被日益学科化，人的社会分工变得越来越职业化，这些问题也就变得越来越突出。

我们看到，在席勒那里，美育被广义地理解，被看成社会改造的工具，在马克思那里，人的全面发展被看成社会发展和人的解放的条件。美育被狭义理解，成为与种种专业教育并列的一种教育，仅仅培养与艺术有关的技能，这是一种在现代社会才具有的现象。在古代社会，艺术的教育始终都是为了培养人，使人全面发展，使社会获得凝聚力。孔子说“君子不器”，《乐记》讲“礼别异，乐和同”，说的就是这个道理。古代中国将“六艺”列入教育科目之中，即礼、乐、射、御、书、数，其中不仅包括礼和乐，也包括像射箭、驾车这样的身体锻炼，还包括书写和算术的训练。在古代希腊，戏剧成为公民教育的一个重要组成部分，从而出现了辉煌的悲剧和喜剧。这些都说明，所谓美育的狭义和广义，其中有着密切的内在联系。长期以来，美学家们都将对两者进行清楚辨析看成自己的使命。他们要区分真善美，在知识的学习、道德的培养与美和艺术的欣赏之间作出理论上的区分。然而，实际上，美育理论正是在真、善、美的连接处展开的，美育研究者要看到的，是这三者在教育实践中的联系和相互促进的关系，而不是它们在理论辨析中的区别。

三　美育与科学的相互补充

自从蔡元培先生提出“美育代宗教”以后，这个口号在中国已经相当流行了。在蔡元培先生那里，美育代宗教的口号，是反对迷信，反对宗教的偏执性，同时肯定宗教所具有的审美功能，或者说通过情感教育来影响人的功能,并将这种功能抽取出来,用审美来取代片面性的、在教派区分的支配下使人们各执一端的宗教。这些思想,我们在今天读来仍有着重要的意义。

当然,蔡元培所提出的只是一个审美的乌托邦而已,这是从席勒开始的种种审美乌托邦的继续。我们一方面可以说,在世界的一些地方,生活中的宗教色彩逐渐淡化,人们在日常社会生活中,继承了宗教的一些色彩:例如,人们仍然庆祝宗教节日,保留宗教传统所带来的生活习俗和伦理观念的痕迹,但是,宗教对他们来说,已成为仅具有审美意味的东西了。宗教画像和雕塑从原来具有神性的图像,变成了艺术欣赏的对象。宗教音乐走出了教堂,人们仍喜爱其中的一些宗教意味,但这种喜爱常常已经超出了其中具体的宗教含义。宗教经典文本被许多人从文学的角度来阅读,并由此而获得超越某一宗教派别,超越不同民族、国家和文化的普遍性。

从另一方面看,艺术和美育是否具有取代宗教的巨大力量,学者们仍会各抒己见,见仁见智,继续讨论下去。黑格尔排出的精神发展的三个阶段,顺序是艺术、宗教和哲学,宗教代表着一个比艺术更高的精神发展阶段。这样一来,如果说美育、艺术、审美能够代替宗教的话,那么,似乎就会出现一种与黑格尔不同的新的顺序。这种新的顺序还可以用来驳斥当今流行的艺术终结论,从而提出这样的观点:从某种意义上讲,宗教,甚至哲学,也可以被艺术所取代。当哲学由于过度的思辨性而变得软弱,缺乏生命力时,宗教便乘虚而入,以其生动的仪式和思想、情感与活动相结合的特点,赢得人们的参与。当宗教由于其偏狭和排它性,在相互纷争中消耗了其力量时,艺术重新使人们团结起来。这种乌托邦式的对艺术的见解,可以说下去,会对人们有启发。

实际发生的历史总要比哲学推论复杂得多,如果我们接触到实际的情况,就会发现,黑格尔的三段论,美育代宗教的构想,都远不如真实发生着的生活过程复杂。

在近代中国，更加现实的存在，或者更流行的趋势是“科学代宗教”。科学来到世间，给人类带来了许多新的东西。它改变了人的生活，改变了世界的面貌，也改变了人对世界的态度。这里所说的科学，应该区别于古代作为纯粹推理形式的数学和一般实用性的技术。它主要是指过去几个世纪，特别是从 17 世纪到 18 世纪才在欧洲形成的对自然的实验性研究。古希腊的哲学家们将世界划分为我们可见到的、变动着的现象和存在于现象背后的、不变的本质。前者是感觉的对象，后者是理性的对象，数学从属于这种揭示对象本质的理性思维方式。古代世界的这种本质与现象，理性与感性的二分，到了中世纪有了根本的改变，这时，理性中的数学因素被伦理因素所压倒，形成了伦理与现实的二分，即来自于上帝的道德要求与人的世俗欲求的二分。文艺复兴以后的哲学，从恢复古代世界所尊崇的理性开始，再次形成理性与感性的二分。欧洲近代的实验科学打破了这种古代与中世纪形成的本质与现象的二分。科学带来了一个观念：人们对于世界的认识，不再局限于通过对变动着的对象的否定而达到不变的本质，而是可以通过实验的方法，寻找变动着的对象的变动的规律。

由于有了科学，人们对自然和社会的许多现象的认识被彻底改变了。这也迫使宗教不能与之争锋。科学形成了对世界的种种新的认识，这些认识取代了过去宗教所赋予世界的种种特性。科学认识了自然，就揭开了宗教所赋予自然的神秘面纱；科学形成了巨大的改变世界的力量，而这些力量过去是归结于神或上帝的。于是，相信科学，反对宗教迷信，成为一个时代的口号。对于从事美学和艺术的人来说，科学与宗教之争，是一个他们正在经历的大的历史过程。他们所能做的事，只是在这一过程中寻找自己的定位。科学与宗教之争留下了许多的空间，需要去填补。现代生活的复杂性使越来越多的人认识到，科学并不是万能的。这种在实验意义上的科学，并不能解决一些与人的社会和心灵有关的问题。艺术在这方面却大有作为。艺术并不是要使宗教复活。宗教自身就在寻找着复活的时机,并力图在科学遇到困境、带来问题时,发挥自己的作用。艺术所能做的是,提供另一种可能。事实上科学并不能代替宗教。当社会和人的心灵再一次出现两极化时,艺术能起到一些建设性的作用。

四　美育在当代教育体制中的意义

在当代中国,美育应该作为教育的一个重要组成部分,融入到全民教育,特别是青少年教育的体系之中。

前几天在住宅楼的电梯里,听见一位年轻母亲与女儿的一段对话。女儿大概在上幼儿园或是小学一年级,朗诵刚学的诗句:“白日依山尽,黄河入海流。……”母亲问:“‘白日依山尽’与‘黄河入海流’之间是什么标点符号?”女儿回答:“是逗号。”母亲高兴地说:“对了。”我听了想笑,那么一点大的孩子,一定要知道两句诗之间的标点符号吗?重要的是要引导孩子去想这两句诗所提供的意象的美,而不是中间用什么标点符号。但是,有什么办法呢,学校里只能那么考。其实,我们的各种知识的学习都是如此,注意力都放在可考查性上面。对学生的要求,是给出一个背诵得来的标准答案,而不是培养出思考力和想象力。

寒假期间去巴黎看了一些博物馆。最使我感慨的是,看到一群群的孩子在老师的带领下,到博物馆参观。孩子们坐在一些世界名画前,馆里的专家给孩子们讲课。课讲得生动活泼,孩子们不时举手提出问题,专家耐心地解答。那些场景真使人感动,这样的教育潜移默化,会对他们的成长产生深刻的影响。与此同时,有些中国游客只是在罗浮宫里找“三件宝”,即《米洛岛的维纳斯》《蒙娜·丽莎》和《胜利女神像》,找到后就拍照片,使到此一游的心理得到满足。在无数的重要艺术杰作前,他们匆匆走过,视而不见。

在“考分代美育”的教育环境下，我们能说什么？做什么呢？我想说这样几个意思：

第一，美育对人的素质的发展，具有重要的意义。在中学生中进行美育，并不一定是浪费时间，只要处理得好，美育与文化知识的教育是可以相互促进的。不要给学生出这样的题，问他们在“白日依山尽”和“黄河入海流”之间是什么标点符号，而是引导他们欣赏这两句诗的意象美、词句的美，使他们对一些优秀的诗歌产生爱好，这是我们能做得到的。用音乐和美术丰富他们的生活，从而使他们在视觉的形体和色彩，听觉的乐音和韵律的接受能力，知识与情感的协调发展方面都得到发展，这也是我们能做到的。

第二，对于大学生来说，要强调大学的理想。大学不是技能培训班，而是培养人的地方。大学生要全面发展，学文的学生要懂一点理科的知识，学理的学生要懂一点文科的知识，所有的学生，不管是学理学文，还是学医农工商，都要学一点艺术，形成对艺术的爱好，这就能使片面的中学教育有所弥补。

第三，近年来在中国，有一个话题很流行，这就是“日常生活审美化”。日常生活审美化当然是一件好事，人人都爱美，我们居室、环境和生活方式都体现出美的趣味，这当然是一件大好事。但是，本来很好的一种对生活美的追求，在一些学者那里却被弄得恶俗不堪。人们将美感等同于快感，追求高档生活享受，高额消费。溯其本源，还是教育，特别是美育的缺乏。

结语　用美滋养社会和人生

从席勒提出美育乌托邦到今天，已经有二百多年了。在这二百多年中，出现了无数主张教育救国、教育救世的主张。谈到社会改造，过去有根本解决与逐步解决之争。社会的改造是一种建设，它与经济建设一样，需要长时间坚持不懈的努力，不可能一下子来一个根本的变化。社会翻一个底朝天，就会将许多丑的东西翻上来，要花很长的时间才能打扫干净。我们要建设美丽的乡村和城市，如果不知道什么是乡村与城市的美，就只能造出一些恶俗的形象工程来；我们要建设美好的自然和社会，如果不知道什么是自然和社会的美，只能是破坏自然，毒化社会。让人们受到美的教育，提高全社会的审美修养，这是建设美的自然、美的社会、美的国家、美的世界的前提条件。

后 记

收录在这里的一些文字,除了个别篇目,大都是根据最近几年的演讲记录和会议发言整理而成。与一些专题论文相比,这些讲演和发言记录有一些特点:它们有较强的听众意识,是面向青年学生和大型学术会议的一般参会者来选择的发言题目,并致力于针对当下的状况表达自己的看法。这些篇目都有具体的论题,讲演是要与听众对话,发言是根据会议主题确定的。为了编辑这本书,我将这些文章整合在一起,发现其中有着一定的相关性,可以对中国美学的现状提出一些整体性的看法。

中国的美学,在经过了20世纪80年代的繁荣之后,曾经历了一段萧条的时期。对此,可以大体描述成80年代的"美学热",90年代的"美学冷",世纪之交开始的"美学复兴"。本书意在说明从"热"到"冷",再到"复兴"的过程,不能仅仅理解成潮涨潮落的循环,不是"三十年河东,三十年河西"式的风水轮流转,而是新一轮美学"复兴"中所具有的新内容。

这一轮的美学复兴,是在新的国际语境下的美学的发展。这个语境,从大的方面讲,包括经济全球化的大格局,中国的对外开放和学术上的国际交流,世界美学本身所面临的深刻变化。具体到中国美学,涉及民族性与世界性,后现代性所带来的美与艺术的分离,以及我们要一个什么样的"当代性"问题。美学要超越,也要回归!美学所回归的,既是日常生活,也是艺术。美学要针对艺术发言。因此,超越不是走向离开生活实际的思辨,而是回到感性。由此,本书提出了一个话题"新感性"。在"新感性”这个总的题目之下，有很多的讨论可以展开。从“杂美学”，到“半美学”，到理论与现实的关系。

在一边倒地要“接地”的呼声中，如何坚持和落实美学的理论品格，这是一个重要的话题。那种通过“接地”的口号来取消美学的做法是错误的。一些圈外人叫嚷“接地”，美学家们不能闲着。他们要做的事不是少了，而是多了。在文学艺术批评的研究中，出现了很多的理论问题，需要从美学的角度进入。在本书中，进入的角度主要有两个：一是当跨越了不同文化传统之时，我们的审美感觉中出现了什么变化？二是当跨越了时间的尺度之时，我们的审美感觉中又出现了什么？这两个角度都能给我们的研究提供极其丰富的内容。这是理论研究的富矿，从这里挖掘下去，会有很大的成果。

在书的后半部分，涉及当下学术界普遍关注的问题，包括市场对艺术的影响，艺术的边界，以及美育与社会改造的关系。希望通过对这些问题的论述，能对前面一般性的讨论，在具体细节上有所补充。

本书的书名确定为《回到未来的中国美学》。中国美学是要发展，走向未来的，但这种发展，从某种意义上讲，也是一种回归。回归不是回到过去，而是辩证地发展。历史走着一条螺旋式上升之路，一些被认为过时的东西还会回来，在新的时代被赋予新的价值。

感谢钱中文先生主持这套丛书，同时也感谢吴子林先生为此书的问世所付出的努力。

高建平

2016 年春节

图书在版编目(CIP)数据

回到未来的中国美学/高建平著.—合肥:黄山书社,2017.8
(中国文学理论与批评丛书/吴子林主编)
ISBN 978-7-5461-6681-0

Ⅰ.①回… Ⅱ. ①高… Ⅲ. ①美学-研究-中国
Ⅳ. ①B83-092

中国版本图书馆 CIP 数据核字(2017)第 192382 号

回到未来的中国美学
HUIDAO WEILAIDE ZHONGGUO MEIXUE

高建平 著

策　　划 汤吟菲 朱莉莉
责任编辑 朱莉莉
责任印制 李 磊
装帧设计 观止堂_未氓
出版发行 时代出版传媒股份有限公司(http://www.press-mart.com)
黄山书社(http://www.hspress.cn)
地址邮编 安徽省合肥市蜀山区翡翠路 1118 号出版传媒广场 7 层 230071
印　　刷 安徽新华印刷股份有限公司
版　　次 2019 年 10 月第 1 版
印　　次 2019 年 10 月第 1 次印刷
开　　本 700mm × 1000mm 1/16
字　　数 290 千
印　　张 14.5
书　　号 ISBN 978-7-5461-6681-0
定　　价 39.80 元

服务热线 0551-63533706
销售热线 0551-63533761
官方直营书店(http://hsssbook.taobao.com)